# 机械工程制图习题集

主　编：陈丽君　赵凤芹

副主编：赵　萍　刘翠红　白雪卫

参　编：刘　蕾　来佑彬　邬立岩

北京理工大学出版社
BEIJING INSTITUTE OF TECHNOLOGY PRESS

## 内 容 提 要

本习题集是依照教育部高等学校工科制图课程教学指导委员会制定的《画法几何及工程制图课程教学基本要求》，采用机械制图最新国家标准，参考兄弟院校最新修订的各版相关教材的体会与意见，并结合编委们多年来在机械工程制图课程教学改革方面的经验与成果的基础上编写而成的。本习题集与陈丽君等主编的普通高等教育"十三五"规划教材《机械工程制图》配套使用。

习题集定位于应用型本科院校机械工程类各专业（本科）学生使用，也可供近机类和非机类各专业选用。

**版权专有　侵权必究**

### 图书在版编目（CIP）数据

机械工程制图习题集/陈丽君，赵凤芹主编．—北京：北京理工大学出版社，2017.8（2020.8重印）
ISBN 978-7-5682-4780-1

Ⅰ．①机… Ⅱ．①陈… ②赵… Ⅲ．①机械制图—高等学校—习题集 Ⅳ．①TH126-44

中国版本图书馆 CIP 数据核字（2017）第 209930 号

出版发行 / 北京理工大学出版社有限责任公司
社　　址 / 北京市海淀区中关村南大街 5 号
邮　　编 / 100081
电　　话 / （010）68914775（总编室）
　　　　　（010）82562903（教材售后服务热线）
　　　　　（010）68948351（其他图书服务热线）
网　　址 / http://www.bitpress.com.cn
经　　销 / 全国各地新华书店
印　　刷 / 三河市天利华印刷装订有限公司
开　　本 / 787 毫米×1092 毫米　1/8
印　　张 / 20　　　　　　　　　　　　　　　　　　责任编辑 / 陆世立
字　　数 / 270 千字　　　　　　　　　　　　　　　文案编辑 / 赵　轩
版　　次 / 2017 年 8 月第 1 版　2020 年 8 月第 2 次印刷　　责任校对 / 周瑞红
定　　价 / 55.00 元　　　　　　　　　　　　　　　责任印制 / 施胜娟

图书出现印装质量问题，请拨打售后服务热线，本社负责调换

# 前 言

本习题集是进行"机械工程制图"课程教学的实践教材，编写顺序与配套教材《机械工程制图》基本一致，前后内容有机结合，以实用、够用为特色，重点培养学生的动手实践能力。

本习题集主要分三篇：第 1 篇主要侧重于机械工程制图基础知识的练习，内容包括制图的基本知识、正投影基础、立体的投影、组合体的三视图、机件的表达方法；第 2 篇侧重于对学生实践动手能力的培养，主要内容包括螺纹、齿轮、常用标准件及其连接的表达方法，零件图，装配图，金属结构件及焊接图；第 3 篇锻炼学生计算机绘图的能力，主要内容包括 AutoCAD 2012 中文版软件各绘图、编辑命令的使用技巧，典型零件图的绘制，AutoCAD 装配图的绘制。在选题时，突出制图基本知识和技能的培养，题型全面，难度循序渐进，便于学生自主学习及教师的因材施教、灵活选用。

本习题集由沈阳农业大学陈丽君、营口理工学院赵凤芹担任主编，沈阳农业大学赵萍、刘翠红、白雪卫担任副主编，营口理工学院刘蕾及沈阳农业大学来佑彬、邬立岩参与编写。具体编写分工如下：陈丽君编写第 1 篇第 5 章、第 2 篇项目 4；赵凤芹编写第 2 篇项目 2；刘蕾编写第 3 篇；赵萍编写第 1 篇第 1、4 章；白雪卫编写第 1 篇第 2、3 章；刘翠红编写第 2 篇项目 1、项目 3。来佑彬、邬立岩负责全书图形与文字的校核。

在编写本习题集的过程中，编者参考了国内许多同类教材，在此向其作者深表谢意！

由于编者水平有限，加之时间仓促，不足之处在所难免，敬请读者批评指正。

编　者

# 目 录

## 第1篇 机械制图基础知识

### 第1章 制图的基本知识 ································································ 1
  1.1 字体的基本练习 ····················································· 1
  1.2 图线画法及几何作图 ·············································· 2
  1.3 尺寸注法 ····························································· 3
  1.4 平面图形分析 ······················································· 4

### 第2章 正投影基础 ·································································· 5
  2.1 正投影法及三视图 ················································· 5
  2.2 点、直线、平面的投影 ··········································· 5
  2.3 投影变换 ····························································· 11

### 第3章 立体的投影 ································································· 13
  3.1 基本平面立体的投影及其截交线 ····························· 13
  3.2 基本回转曲面的投影及其截交线 ····························· 15
  3.3 立体相贯 ····························································· 18
  3.4 立体表面的展开 ··················································· 22

### 第4章 组合体的三视图 ·························································· 23
  4.1 按照形体分析法由轴测图画出组合体其余两视图 ······ 23
  4.2 由轴测图画出组合体其余两视图 ···························· 24
  4.3 画第三视图 ························································· 25
  4.4 组合体构形练习 ··················································· 30
  4.5 补画组合体视图中缺漏的图线 ······························· 31
  4.6 组合体的尺寸标注 ················································ 32
  4.7 组合体三视图大作业 ············································· 34

### 第5章 机件的表达方法 ·························································· 35
  5.1 基本视图、局部视图、斜视图 ······························· 35
  5.2 剖切面的种类 ······················································ 36
  5.3 剖视图的种类 ······················································ 39
  5.4 断面图 ································································ 41
  5.5 其他表达方法 ······················································ 42
  5.6 机件表达方法综合练习 ·········································· 43

## 第2篇 机械制图实训

### 项目1 标准件与常用件 ·························································· 44
  任务1 螺纹的规定画法与标记 ···································· 44
  任务2 螺纹紧固件的规定画法与标记 ·························· 46
  任务3 键和销 ························································· 47
  任务4 滚动轴承、齿轮、弹簧 ··································· 48

### 项目2 零件图 ······································································· 49
  任务1 由轴测图（模型或实物）画零件图 ···················· 49
  任务2 识读零件图 ··················································· 51

### 项目3 装配图 ······································································· 56
  任务1 绘制装配图——由零件图拼画装配图 ················ 56
  任务2 读装配图并拆画零件图 ···································· 61

### 项目4 金属结构图 ································································ 64
  任务1 识读金属结构图 ············································· 64
  任务2 识读焊接图 ··················································· 65
  任务3 综合练习 ······················································ 66

## 第3篇 计算机绘图

### 项目5 绘制平面图形 ····························································· 67
  任务1 CAD绘图环境设置与图线练习 ·························· 67
  任务2 绘制典型平面图形 ·········································· 68
  任务3 绘制复杂平面图形 ·········································· 69

### 项目6 绘制三视图 ································································ 70

### 项目7 用计算机绘制零件图与装配图 ······································ 73
  任务1 用计算机绘制截止阀各零件的零件图 ················ 73
  任务2 用计算机绘制截止阀的装配图 ·························· 75

### 参考文献 ·············································································· 76

# 第 1 篇　机械制图基础知识

## 第 1 章　制图的基本知识

### 1.1　字体的基本练习

| 班级 | 姓名 | 学号 |

**1. 书写下列长仿宋体汉字。**

机 械 制 图 姓 名 审 核 材 料 比 例 设 计 标 准

序 号 备 注 技 术 要 求 其 余 日 期 件 数 重 量

零 件 尺 寸 平 面 视 图 转 速 装 配 轴 壳 体 支

架 箱 盖 齿 轮 泵 阀 器 螺 栓 孔 深 钉 母 柱 销

键 垫 圈 圆 配 合 计 算 机 斜 度 锥 度 标 注 主

**2. 模仿书写下列数字和字母。**

1 2 3 4 5 6 7 8 9 0 R28 36 90 18 R6 R40 S40 R50 R28 35 26 15 78 56

R23 Ø28 Ø36 Ø90 Ø8 R6 R40 S55 Ø40 R25 Ø63 R95

I II III IV V VI VII VIII IX X I II III IV V VI VII VIII IX X

A B C D E F G H I J K L M N O P Q R S T U V

a b c d e f g h i j k l m n o p q r s t u v w x

| 1.2 图线画法及几何作图 | 班级 | 姓名 | 学号 |

1. 抄绘下列图线，注意图线的粗细及其规定。

2. 按比例1∶1在空白处画出下列图形及尺寸。

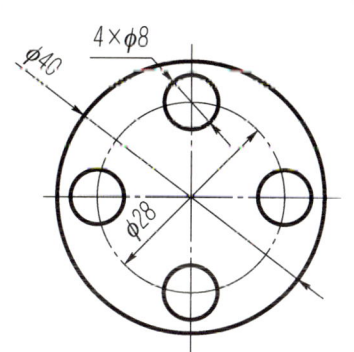

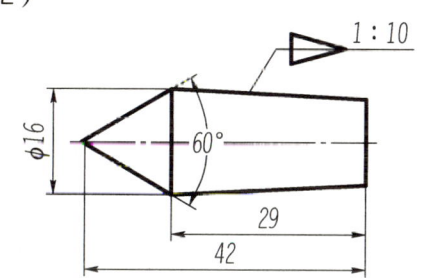

（1）　　　　　　　　　　　　（2）

3. 按比例1∶1在空白处画出下面图形。

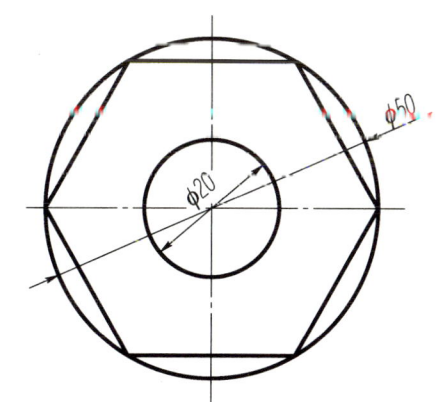

| 1.3 尺寸注法 | 班级 | 姓名 | 学号 |

1. 在下列尺寸线上画出箭头并注写数字和角度(尺寸从图中直接量并取整数)。

（1）长度标注练习。

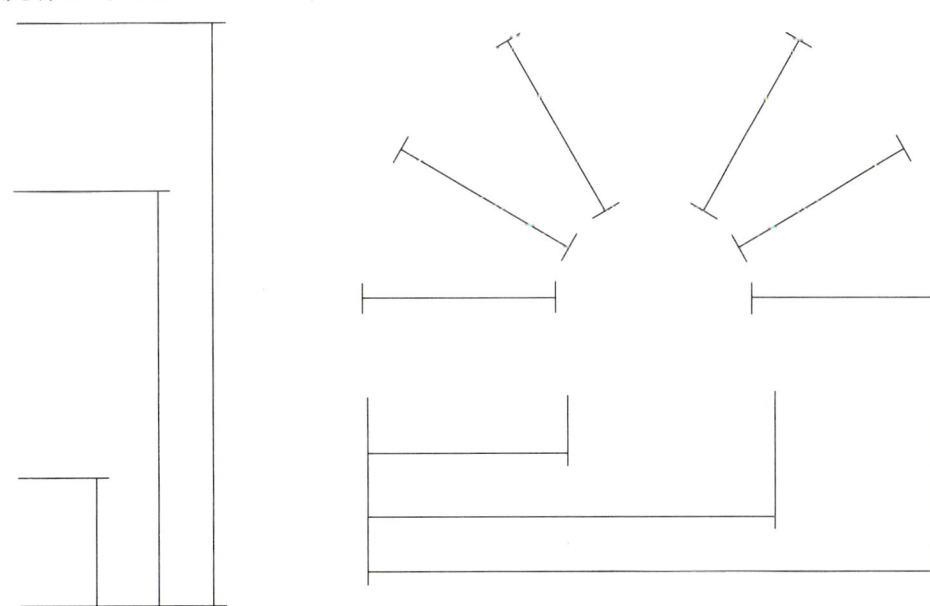

（2）角度标注练习。

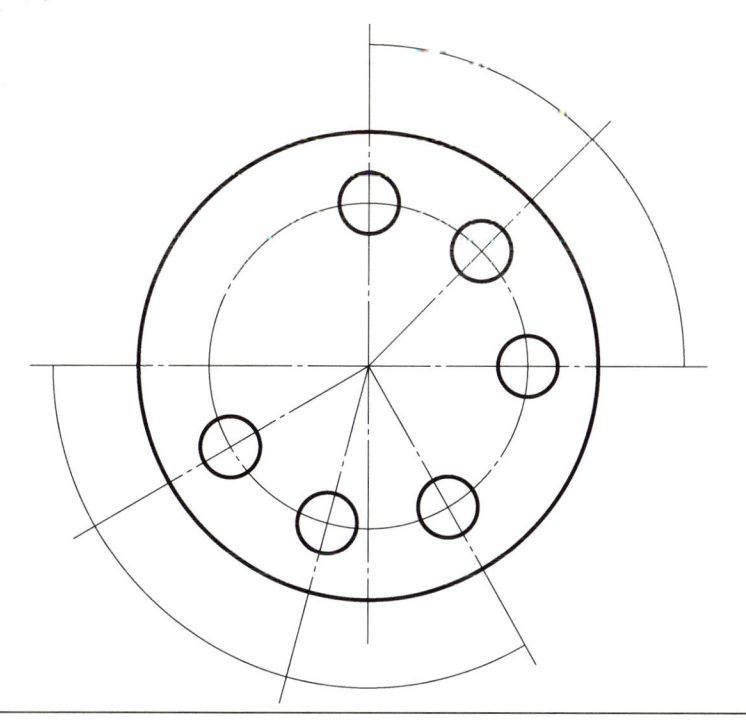

2. 找出左图中错误的尺寸标注，将正确的标注在右图上。

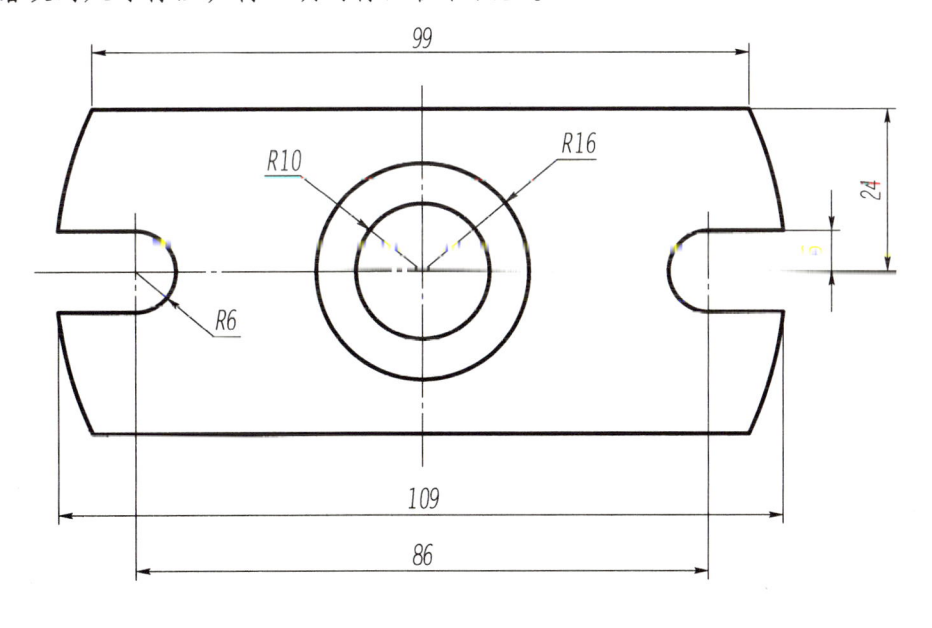

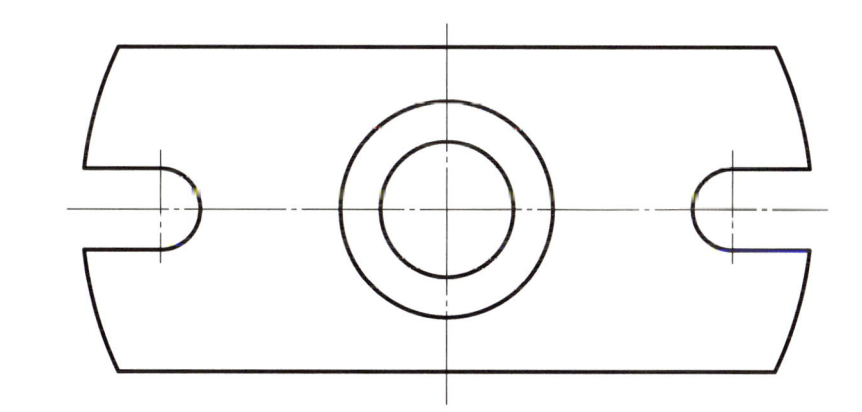

| 1.4 平面图形分析 | 班级 | 姓名 | 学号 |

1. 分析平面图形，在空白处按 1：2 抄画下面图形并标注尺寸(提示：先画已知线段，再画中间线段，最后画连接线段)。

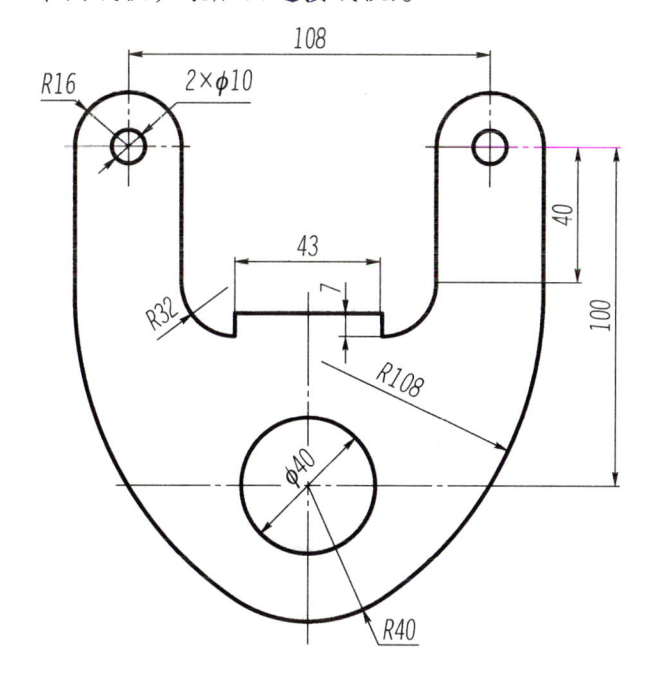

2. 在A3幅面图纸上，按 1：1 绘制下面图形，并标注尺寸(请注意圆弧连接处画法；图名：平面图形；图号：1—1)。

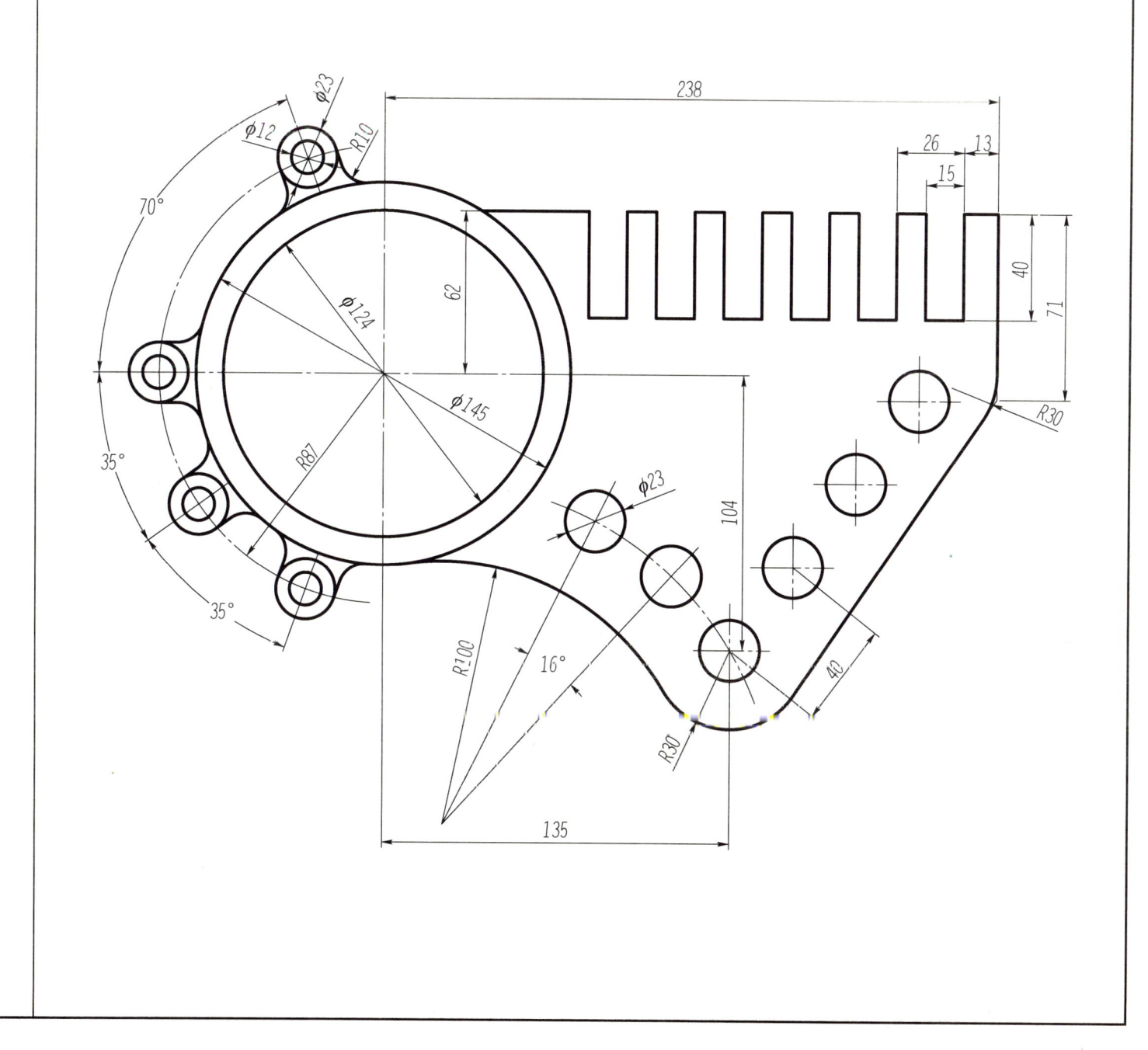

# 第 2 章　正投影基础

## 2.1　正投影法及三视图

| 班级 | 姓名 | 学号 |

**1. 已知点在空间的位置，列出其坐标值并完成其投影图。**

A(　,　,　)　B(　,　,　)　C(　,　,　)　D(　,　,　)　E(　,　,　)

**2. 已知下列点的坐标：A(20, 20, 15)、B(10, 0, 30)、C(25, 25, 0)，作出它们的三面投影图**

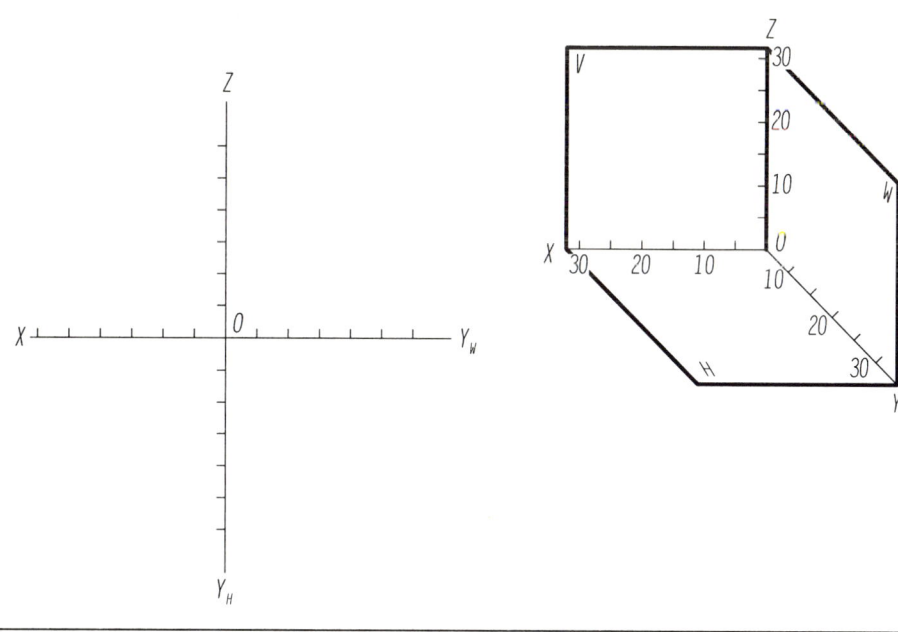

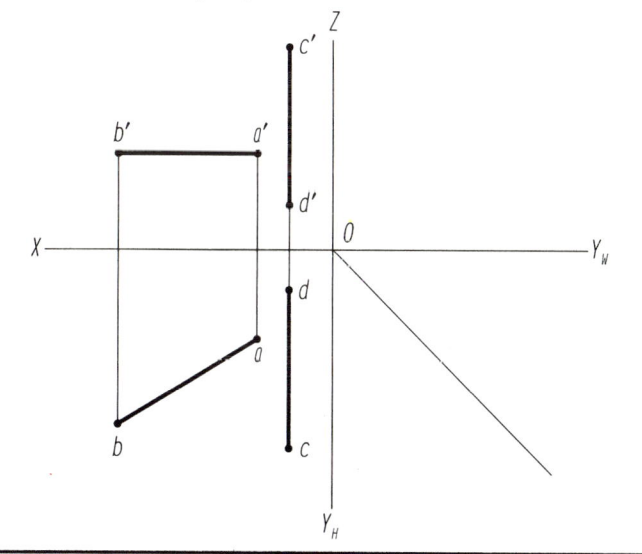

## 2.2　点、直线、平面的投影

**1. 根据已知点的两面投影，完成其第三面投影。**

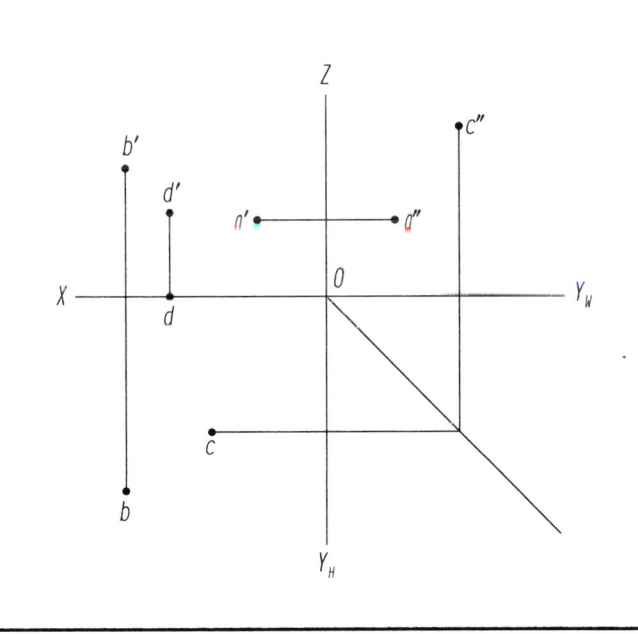

**2. 已知点 A 的三面投影，点 B 在点 A 的左方 20mm，前方 5mm，上方 10mm；点 C 在点 A 的正前方 8mm。作出点 B、点 C 的三面投影。**

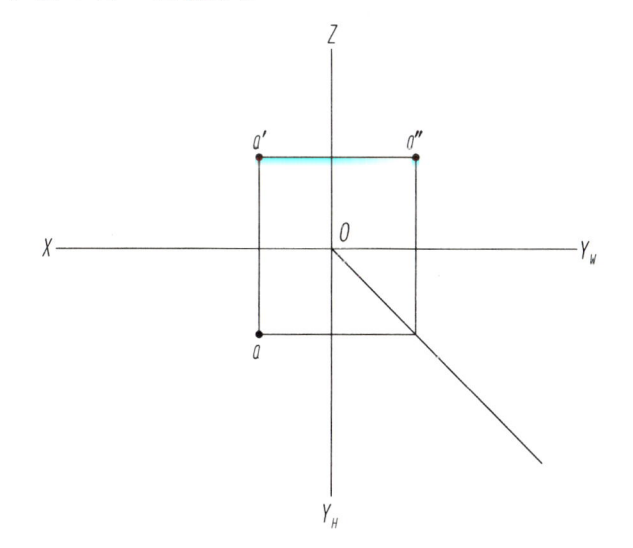

**3. 完成直线段的第三投影，并判断它们对投影面的相对位置。**

AB 是（　　　　　）线

CD 是（　　　　　）线

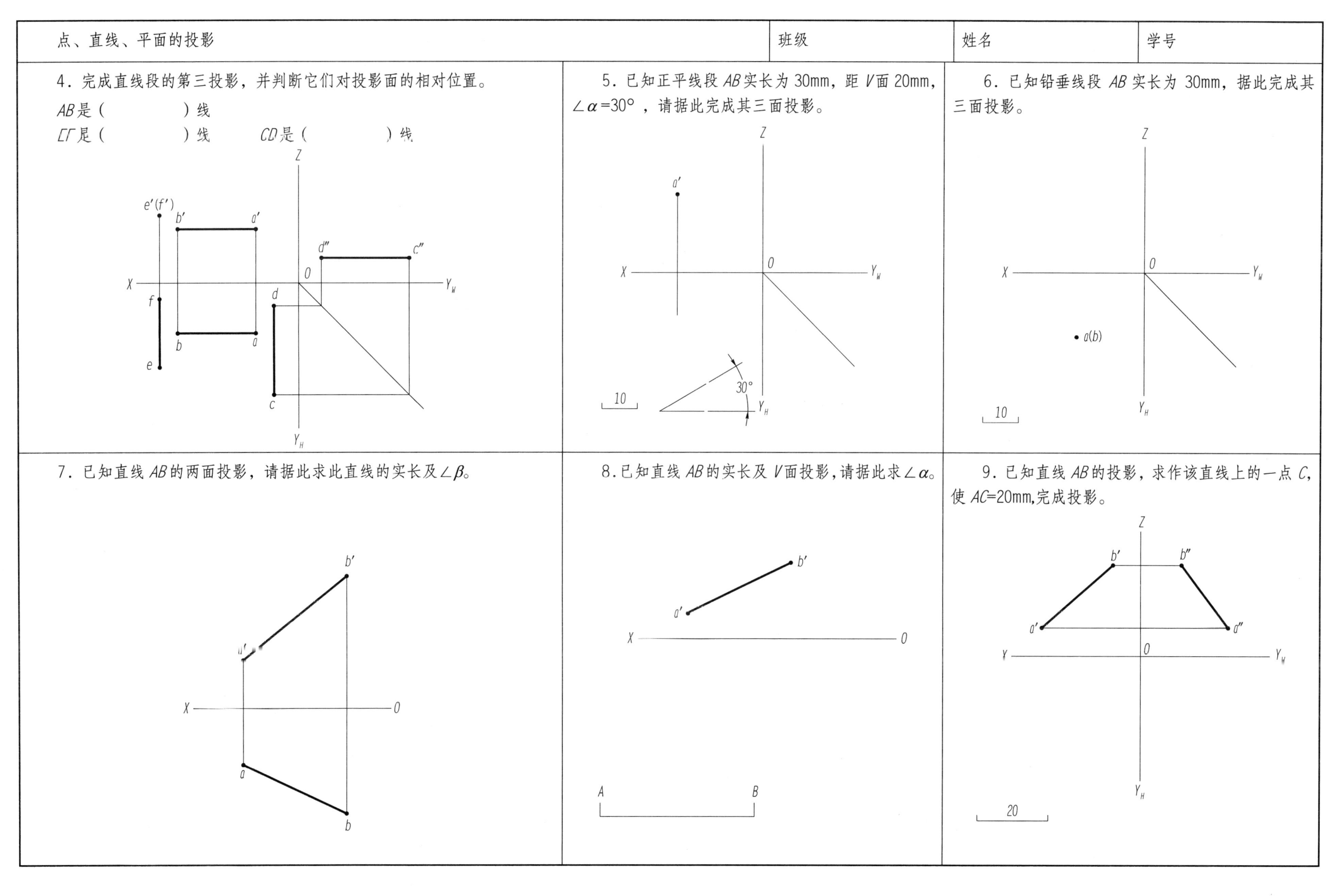

| 点、直线、平面的投影 | | 班级 | 姓名 | 学号 |

4. 完成直线段的第三投影，并判断它们对投影面的相对位置。

AB是（　　　　）线

EF是（　　　　）线　　CD是（　　　　）线

5. 已知正平线段AB实长为30mm，距V面20mm，∠$\alpha$=30°，请据此完成其三面投影。

6. 已知铅垂线段AB实长为30mm，据此完成其三面投影。

7. 已知直线AB的两面投影，请据此求此直线的实长及∠$\beta$。

8. 已知直线AB的实长及V面投影，请据此求∠$\alpha$。

9. 已知直线AB的投影，求作该直线上的一点C，使AC=20mm，完成投影。

# 点、直线、平面的投影

| 班级 | 姓名 | 学号 |

**10.** 求作直线 EF，端点 E 在 CD 上，且 CE：CD=1：3，端点 F 在 AB 上，且 AF：FB=1：3，请补全三条直线的三面投影。

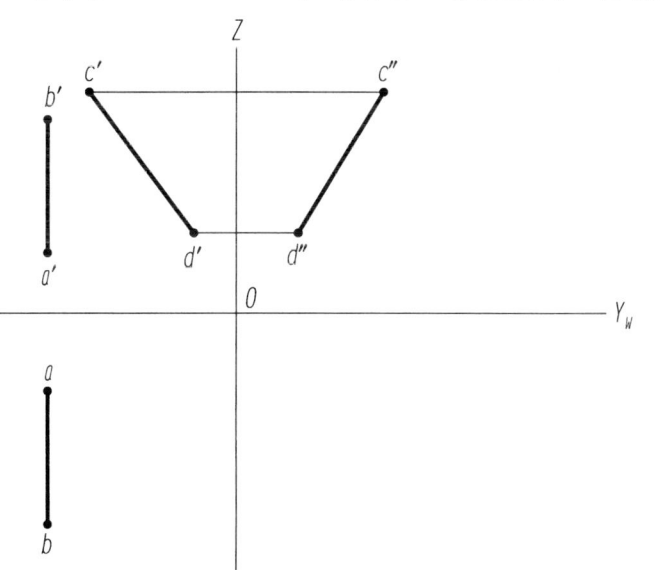

**11.** 判别直线的相对位置关系。

（1） 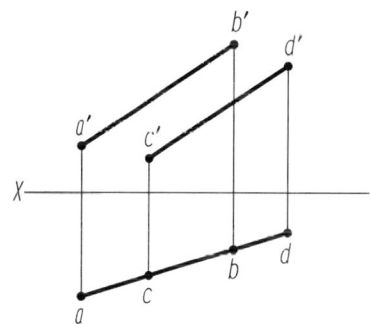
（a）AB 与 CD _____； 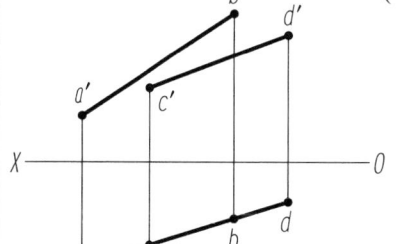
（b）AB 与 CD _____；

（2） 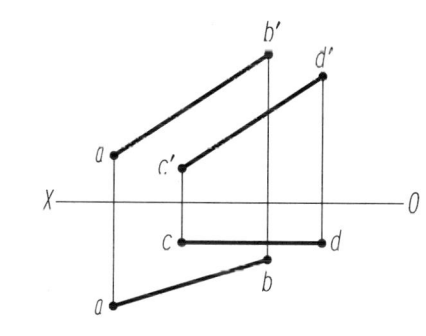
（a）AB 与 CD _____； 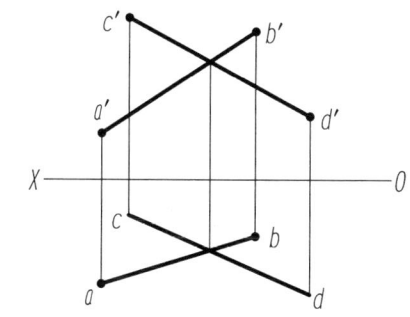
（b）AB 与 CD _____；

**12.** 补全直线 AB、CD 上重影点的投影。
（1） 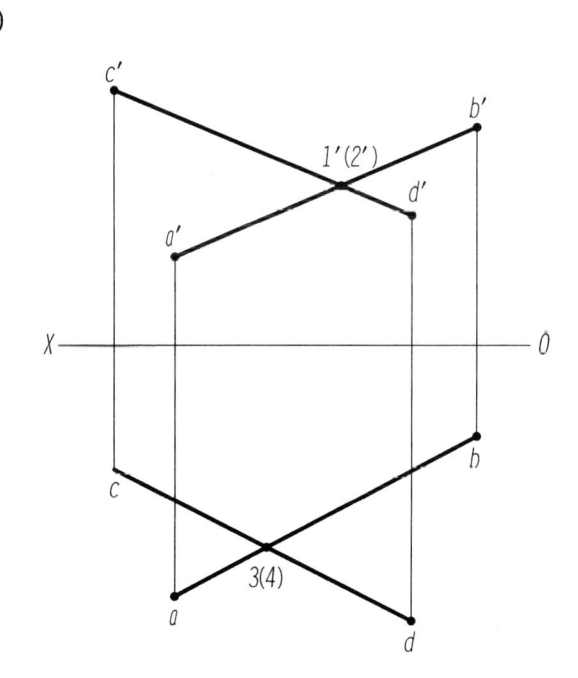
（2）

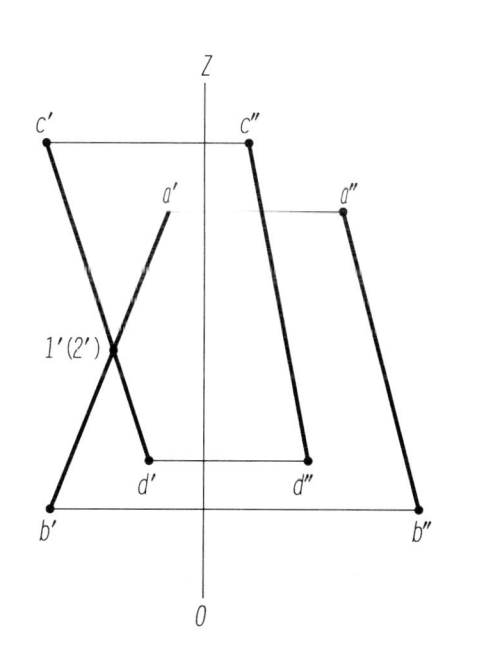

**13.** 过点 C 作一实长为 25 的直线 CD，且满足 AB//CD。

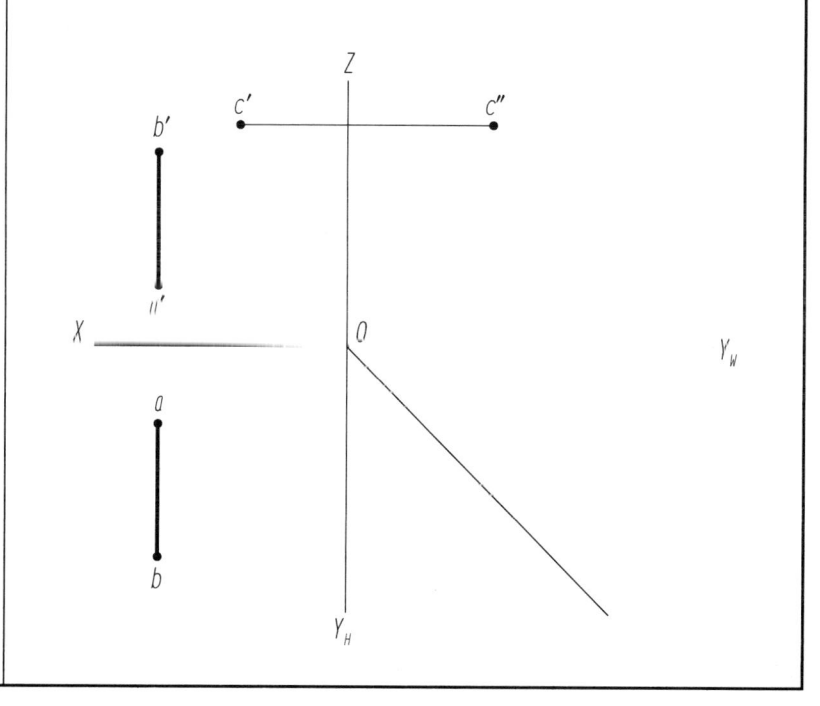

| 点、直线、平面的投影 | 班级　　　姓名　　　学号 |

14. 已知直线 MN 与 CD、PQ 分别相交于 M、N 点，且满足 AB//MN，完成其投影。

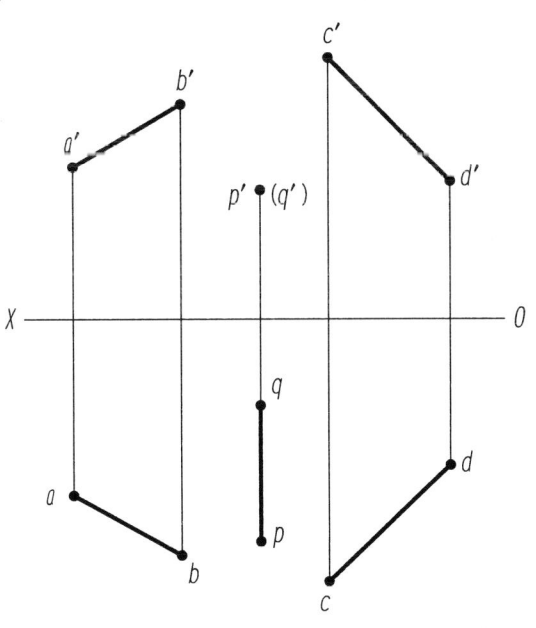

15. 作交叉两直线 AB、CD 的公垂线 EF。

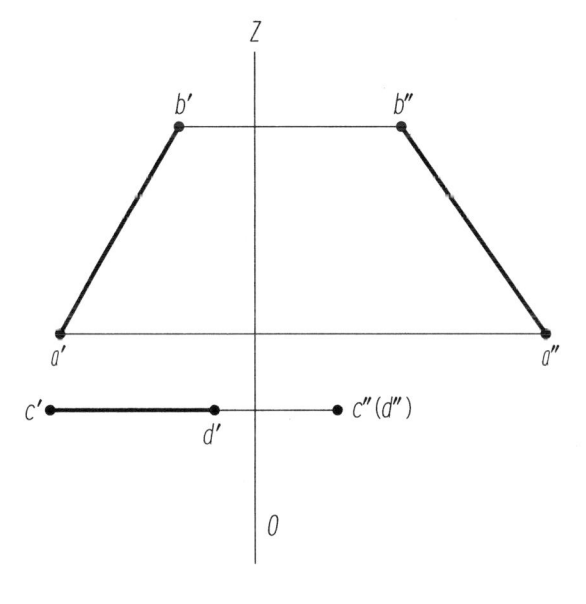

16. 已知 AB 垂直 BC，C 点在 A 点正前方 15mm 处，试完成其投影。

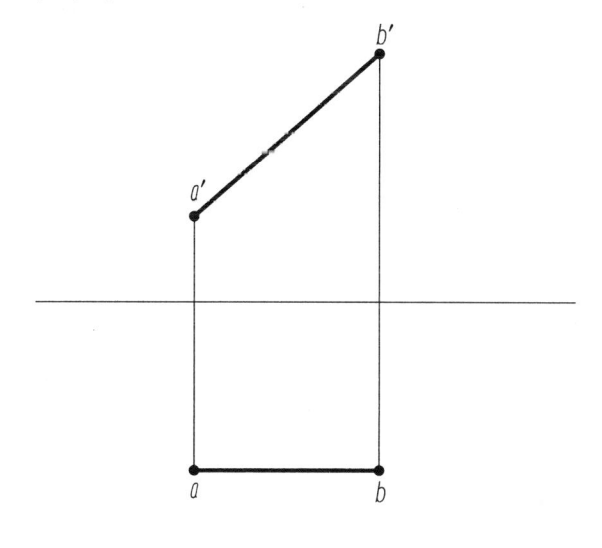

17. 完成图示侧垂面在 V 面内的投影。

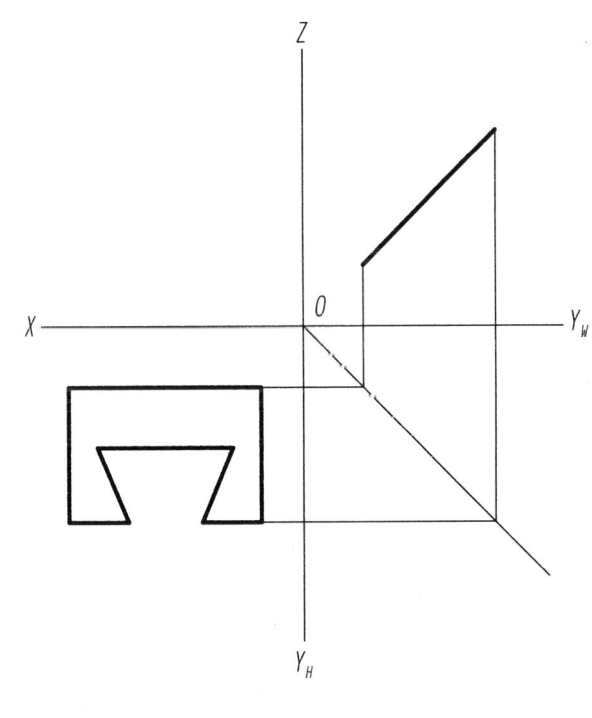

18. 完成图示平面在 H 面内的投影。

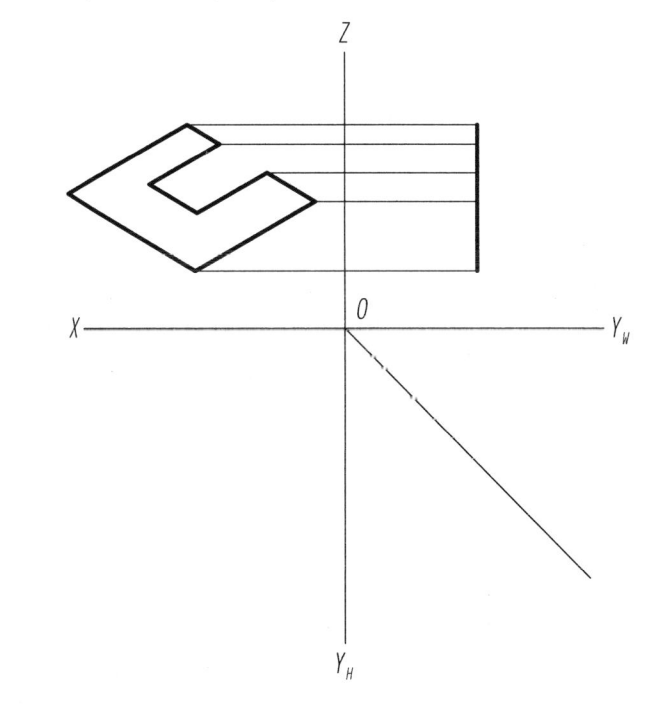

19. 包含已知直线 AB，用迹线法作出正垂面 P，并用相应字母标注。

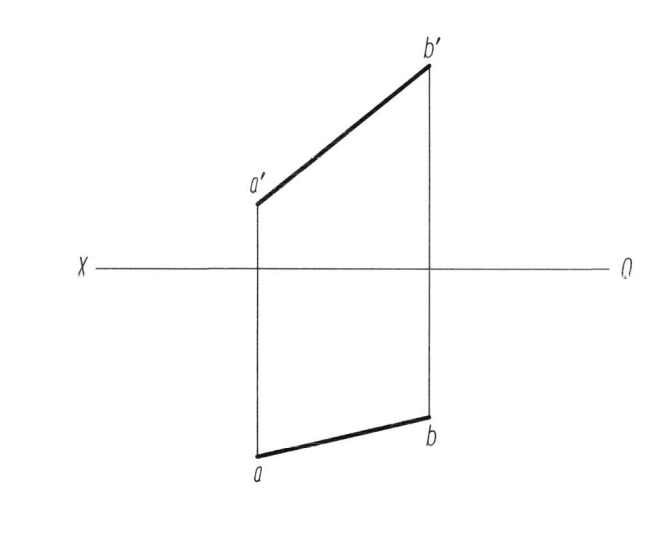

| 点、直线、平面的投影 | | 班级 | 姓名 | 学号 |

20. 已知平面上点 K 的一个投影，作出该平面的第三投影和点 K 的另外两投影。

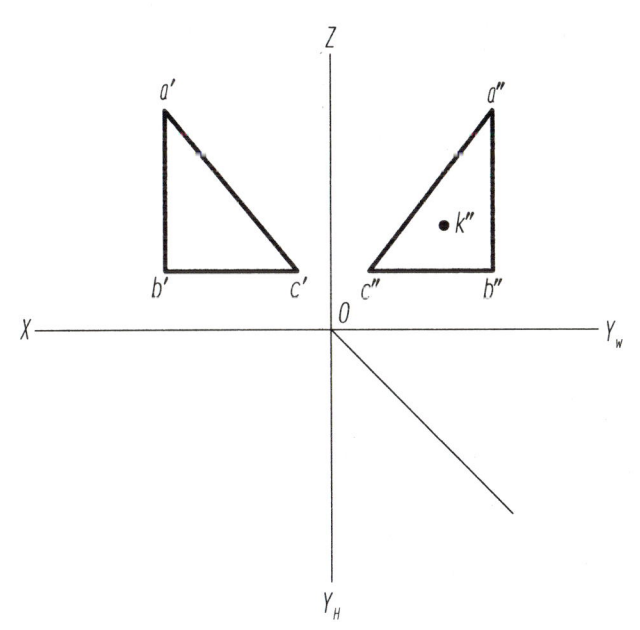

21. 已知平面上点 K、M、N、P 的一个投影，完成所缺少的投影。

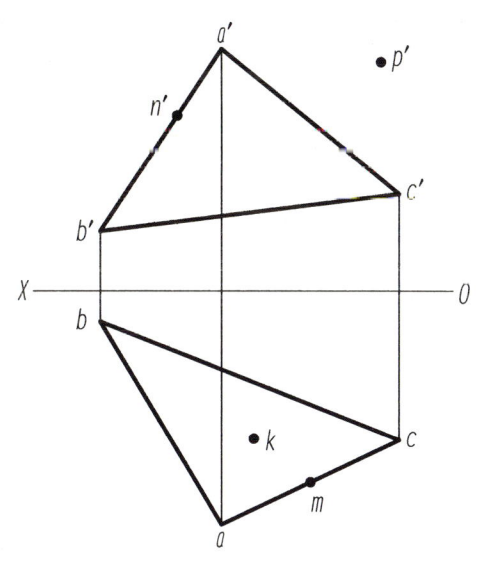

22. 判断 A、B、C、D 四点是否在同一平面上。
是（　）否（　）

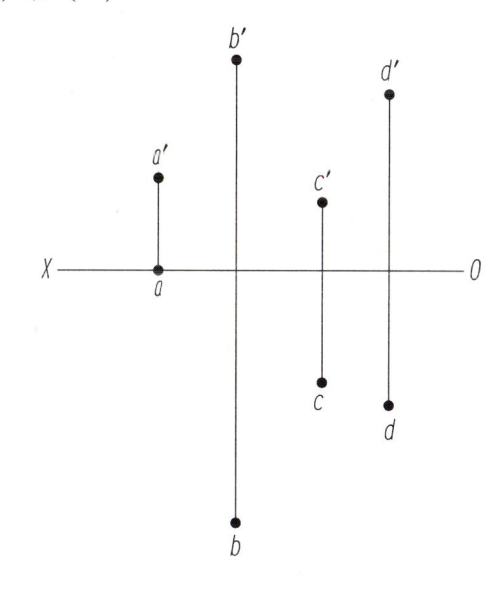

23. 在△ABC 上作一条正平线，且其到 V 面的距离为 30mm。

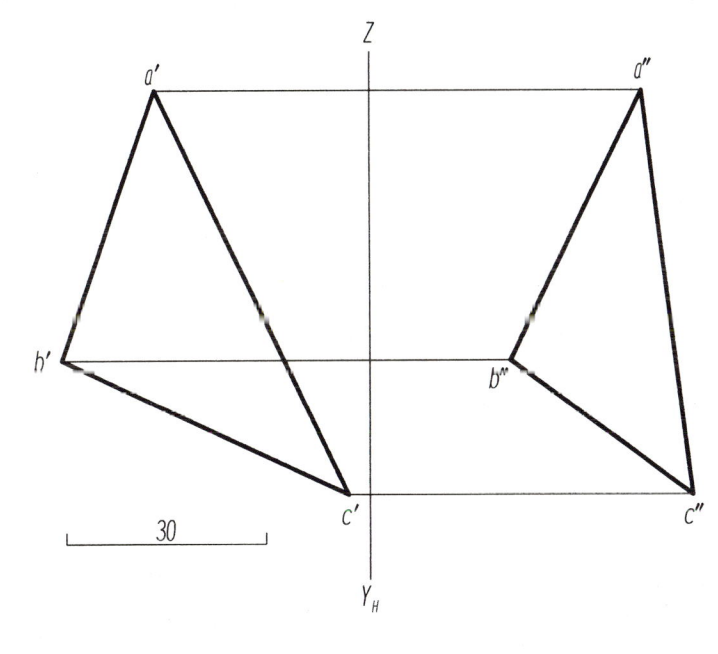

24. 完成图示平面五边形的两面投影。

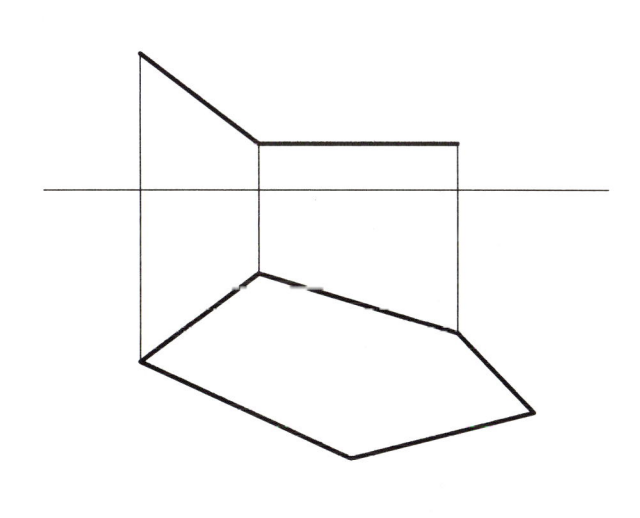

25. △CDE 为铅垂面，AB∥△CDE，直线 AB 与△CDE 的间距为 20mm，完成△CDE 在 H 面的投影。

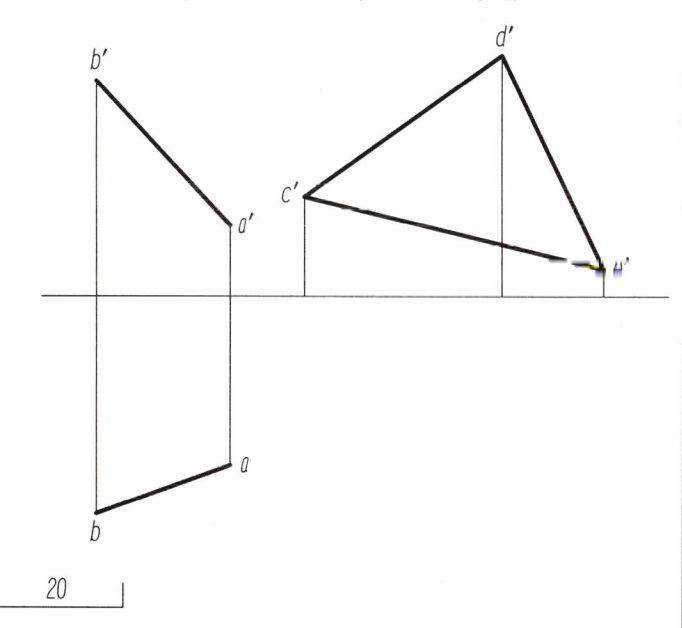

点、直线、平面的投影 | 班级 | 姓名 | 学号

26. 直线 AB 与平面 P 平行，完成直线 AB 的两面投影。

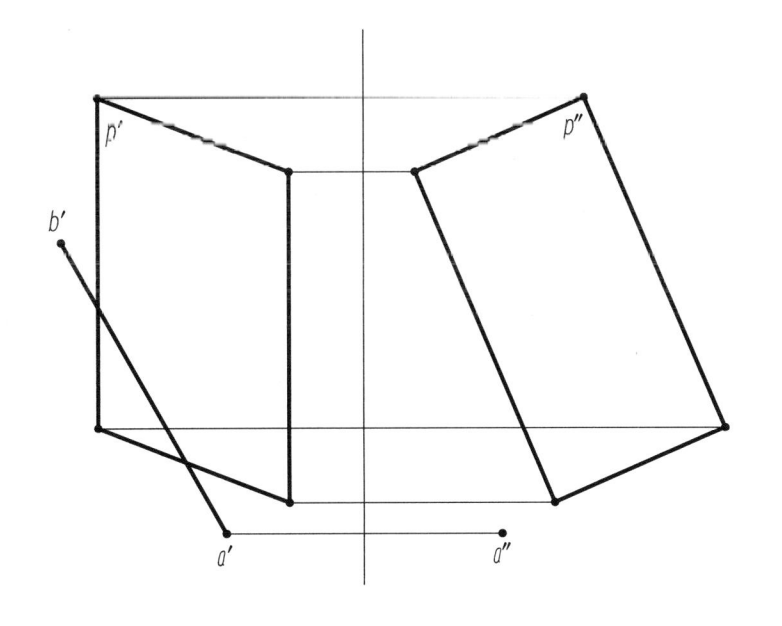

27. 求直线与平面的交点 K 并判别其可见性。

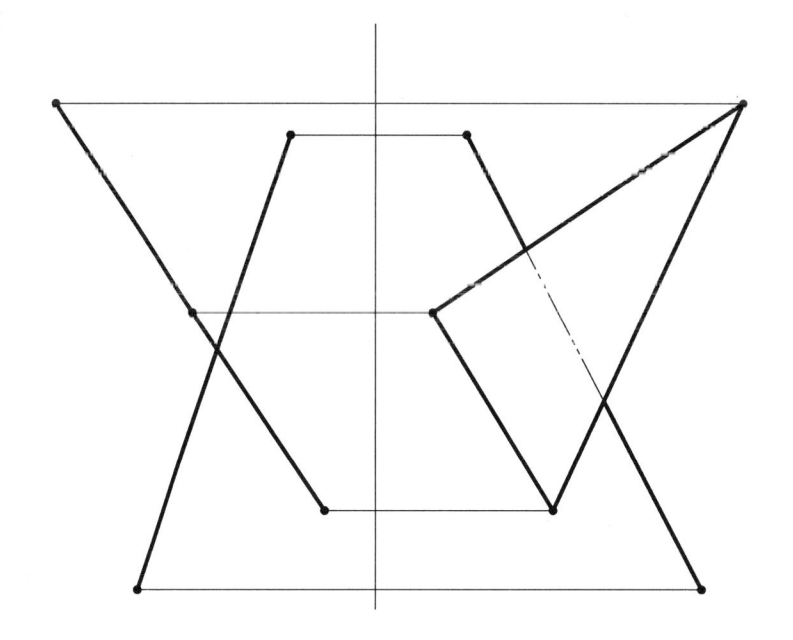

28. 求直线与平面的交点 K 并判别其可见性。

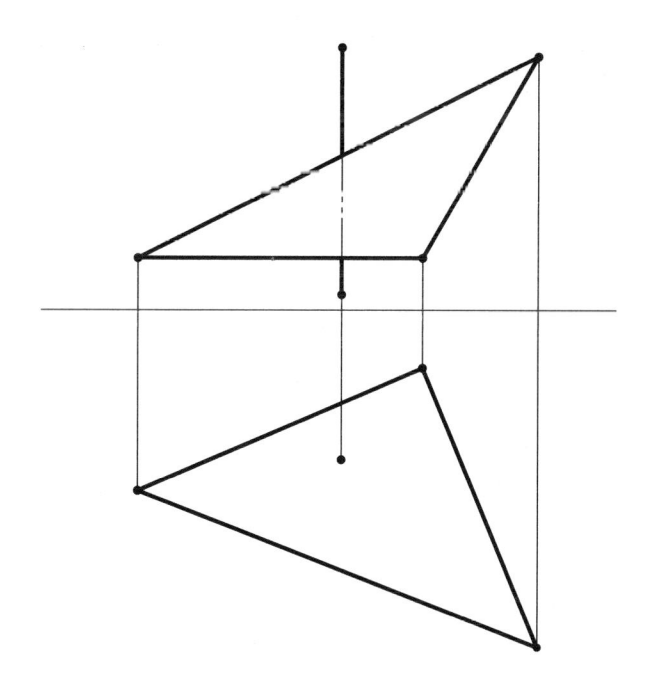

29. 求两平面的交线 MN 并判别其可见性。

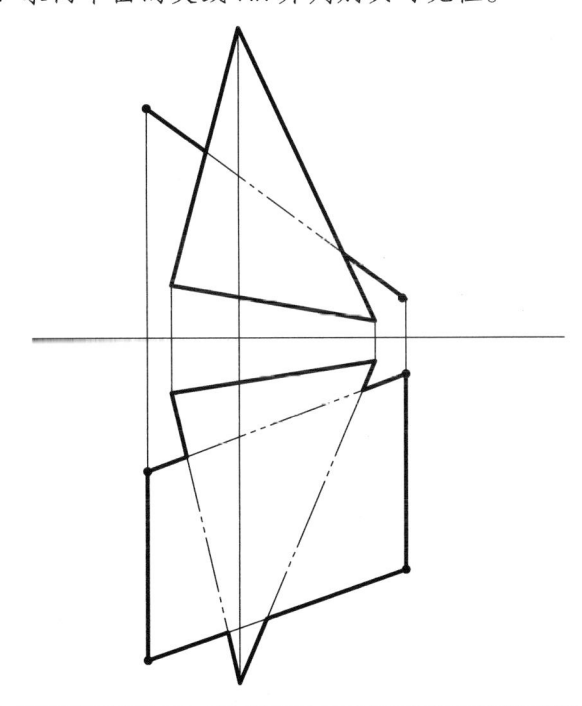

30. 求直线与平面的交点 K 并判别其可见性。

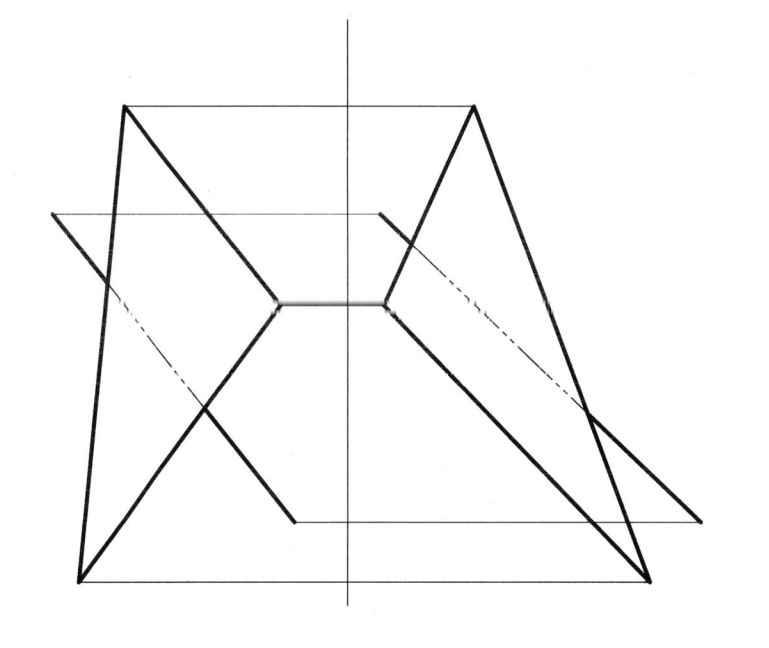

31. 求直线与平面的交点。

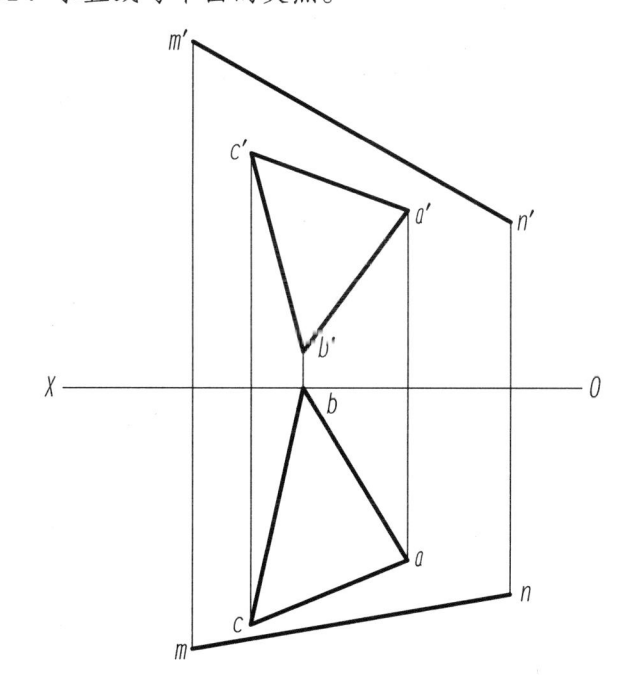

点、直线、平面的投影 | 班级 | 姓名 | 学号

32. 求作平面 ABCD 与 △EFG 的交线，并判别其可见性。

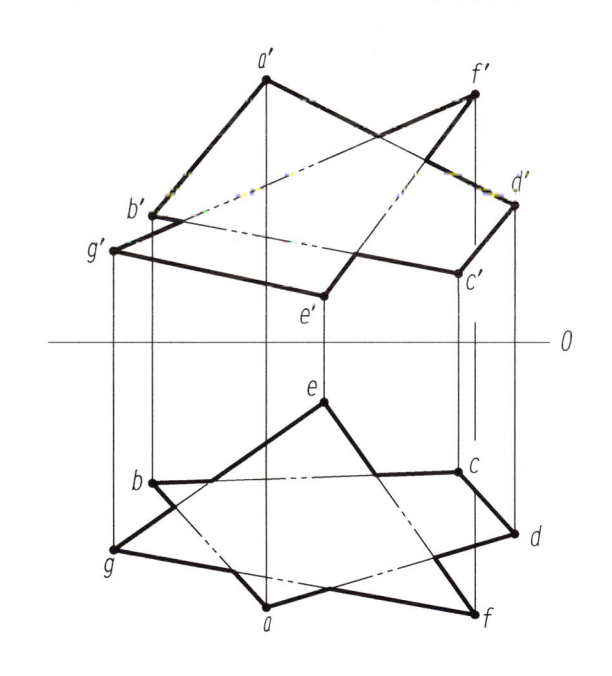

33. 已知直线 AB⊥△CDE，完成投影。

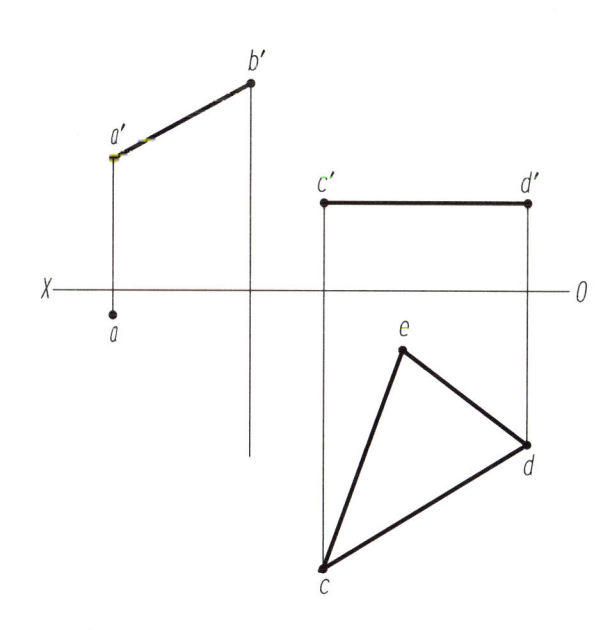

34. 求点 K 到 △ABC 的垂线及垂足 M。

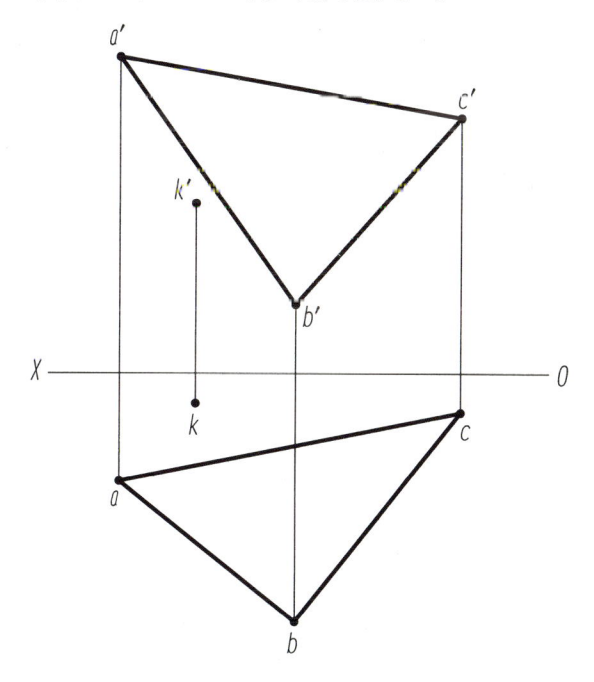

2.3 投影变换

1. 求直线 AB 的实长与∠α。

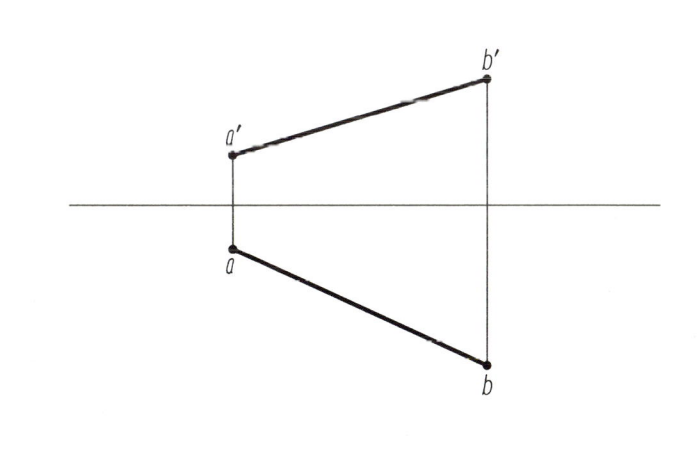

2. 求点 C 到直线 AB 的距离。

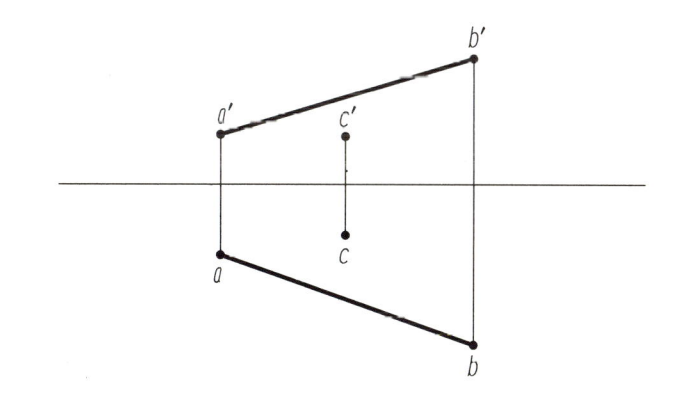

3. 求直线 AB 与 CD 的公垂线。

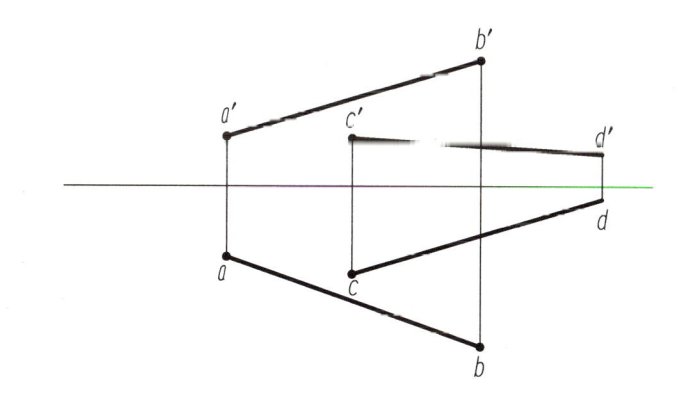

| 投影变换 | | 班级　　　姓名　　　学号 |

**4. 求平面对 H 面的夹角 ∠α。**

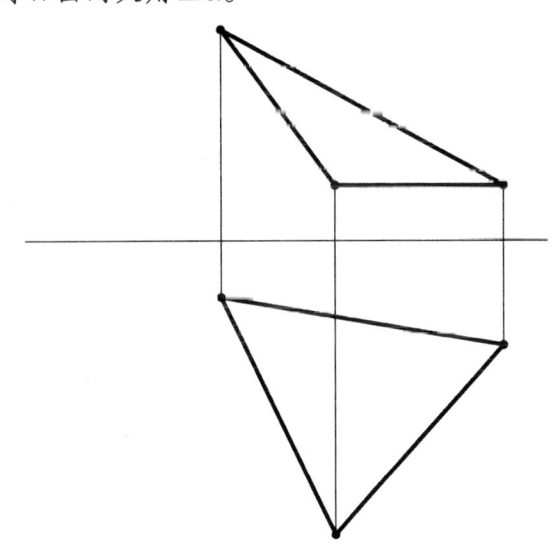

**5. 求点 D 到 △ABC 的距离及垂足 K 的投影。**

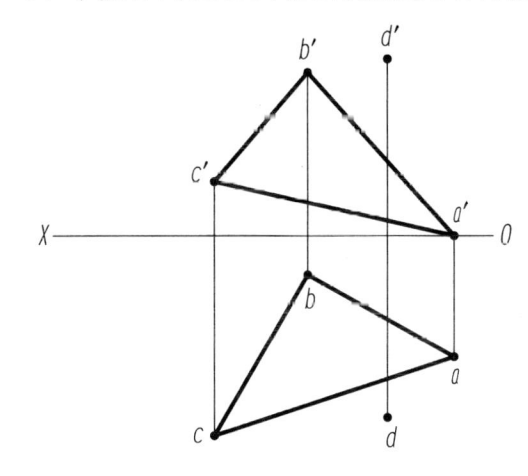

**6. 求一条直线 CD，使其与直线 AB 相交，且夹角为 30°。**

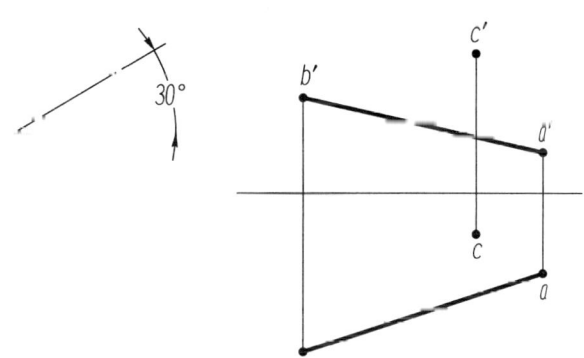

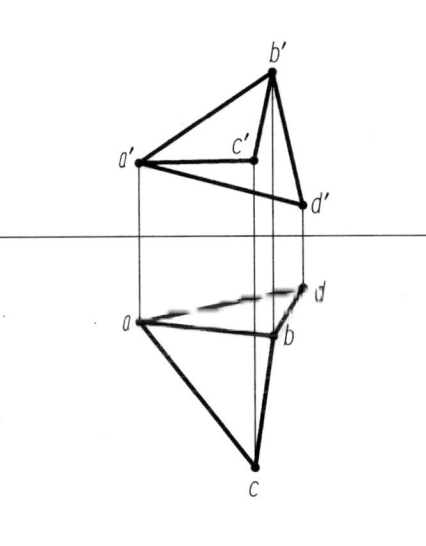

**7. 求 △ABC 与 △ABD 的夹角 ∠θ。**

**8. C 为 ABD 平面上一点，且 C 点到 A、B、D 三点的距离相等，求 C 点的投影。**

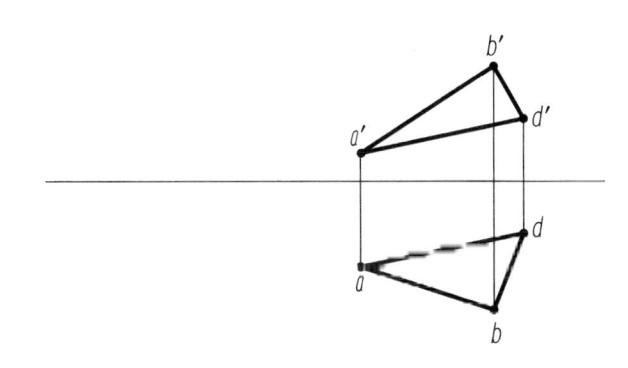

**9. 作一直线 MN，与 AB、CD 相交，且 MN∥EF。**

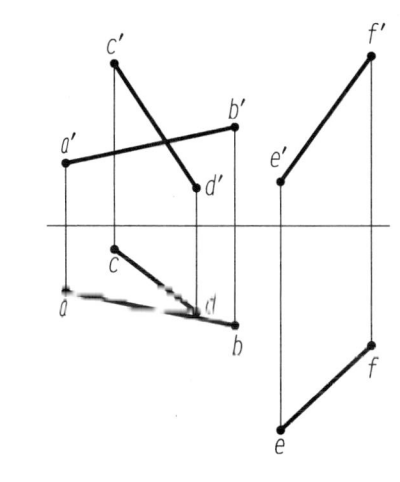

# 第3章 立体的投影

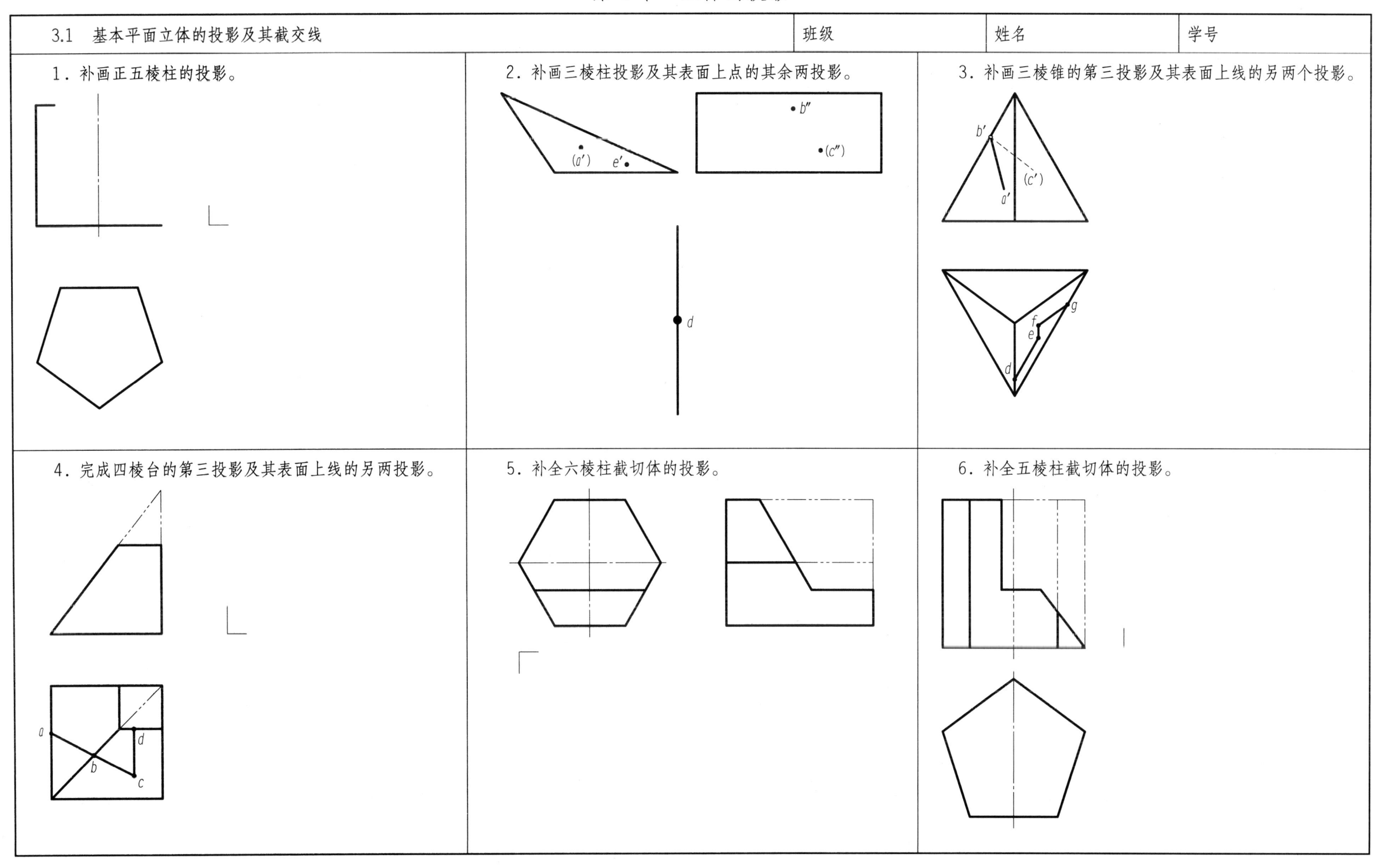

| 3.1 基本平面立体的投影及其截交线 | 班级 | 姓名 | 学号 |

1. 补画正五棱柱的投影。

2. 补画三棱柱投影及其表面上点的其余两投影。

3. 补画三棱锥的第三投影及其表面上线的另两个投影。

4. 完成四棱台的第三投影及其表面上线的另两投影。

5. 补全六棱柱截切体的投影。

6. 补全五棱柱截切体的投影。

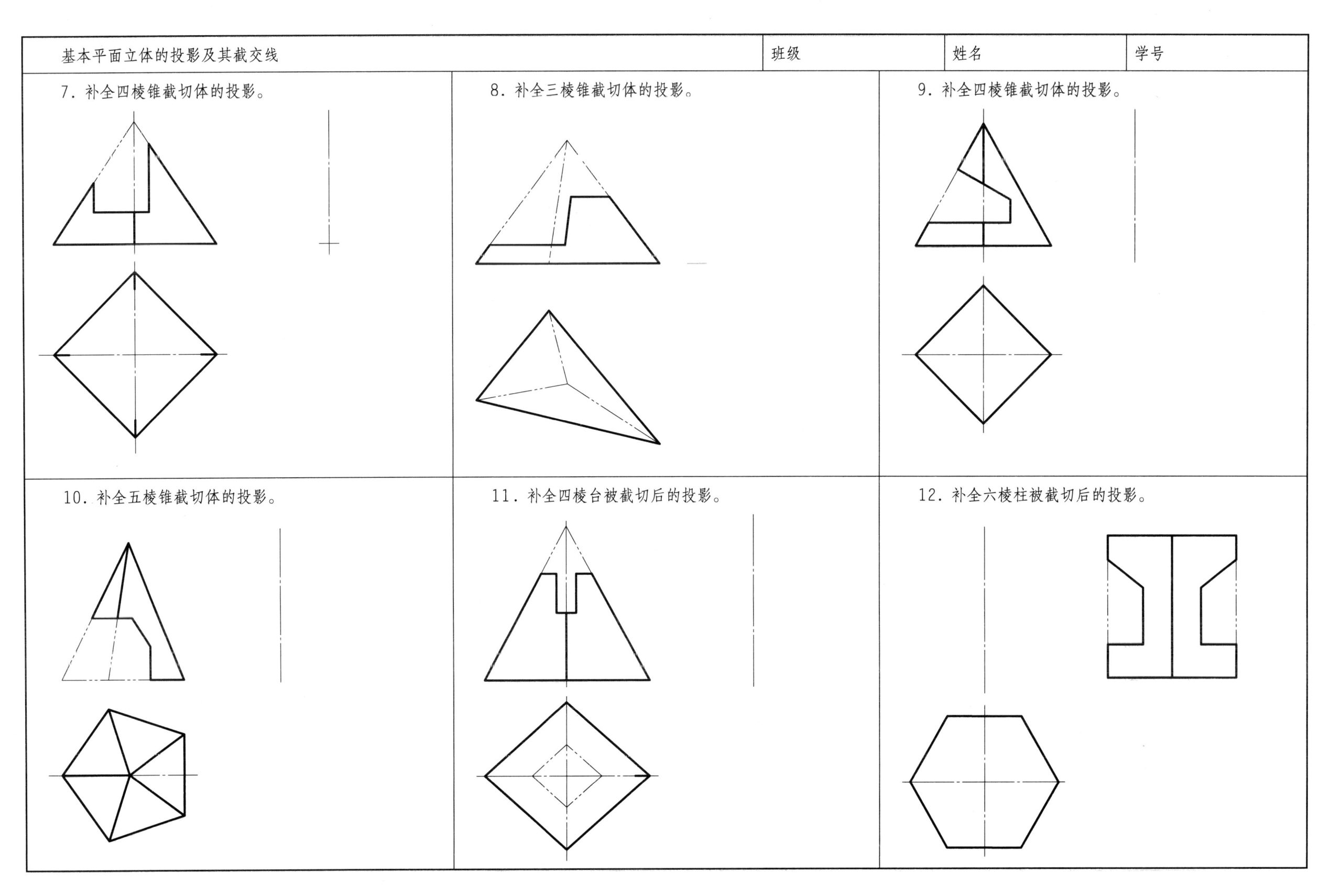

| 基本平面立体的投影及其截交线 | | 班级　　　姓名　　　学号 |

7. 补全四棱锥截切体的投影。

8. 补全三棱锥截切体的投影。

9. 补全四棱锥截切体的投影。

10. 补全五棱锥截切体的投影。

11. 补全四棱台被截切后的投影。

12. 补全六棱柱被截切后的投影。

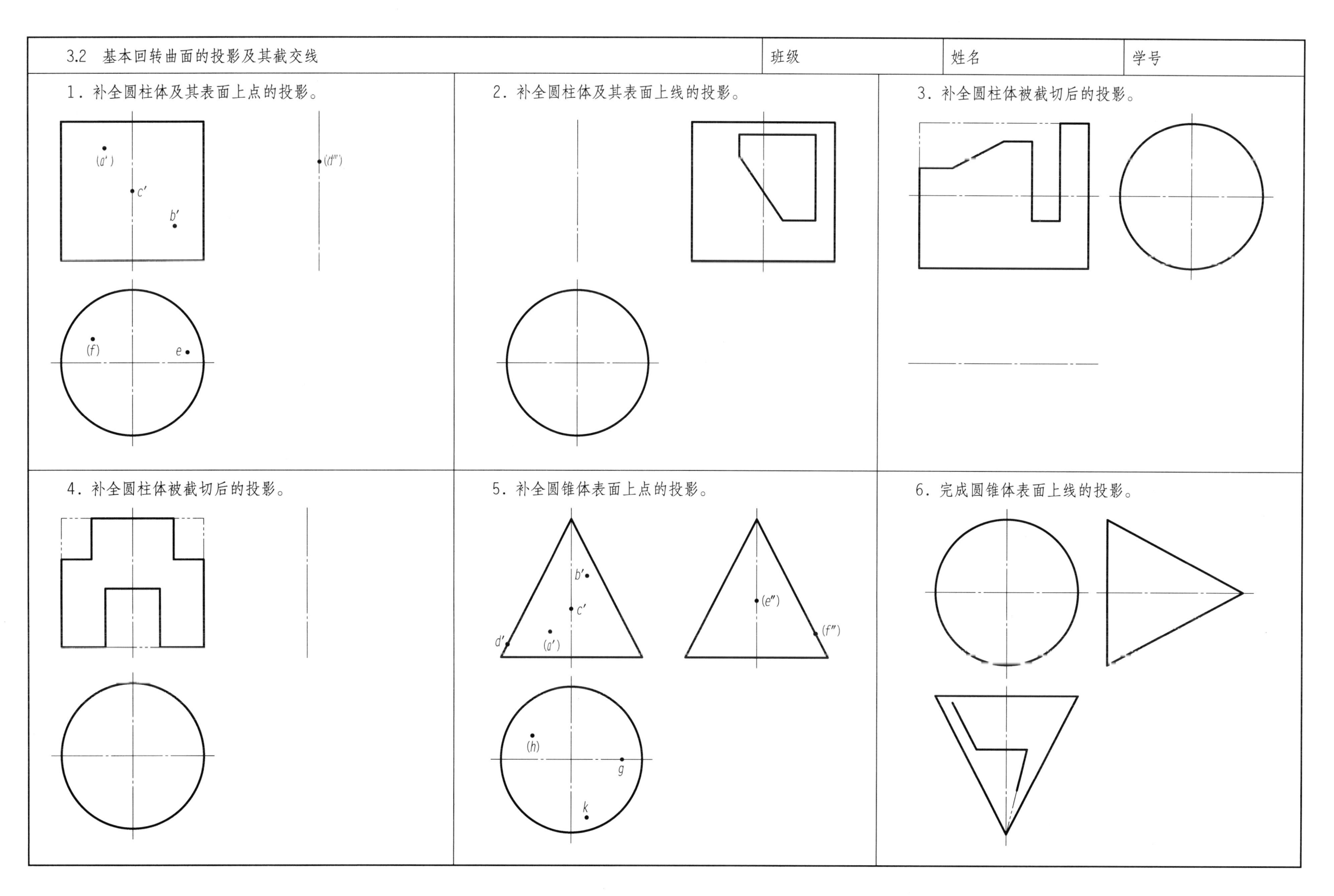

| 3.2 基本回转曲面的投影及其截交线 | 班级 | 姓名 | 学号 |

1. 补全圆柱体及其表面上点的投影。

2. 补全圆柱体及其表面上线的投影。

3. 补全圆柱体被截切后的投影。

4. 补全圆柱体被截切后的投影。

5. 补全圆锥体表面上点的投影。

6. 完成圆锥体表面上线的投影。

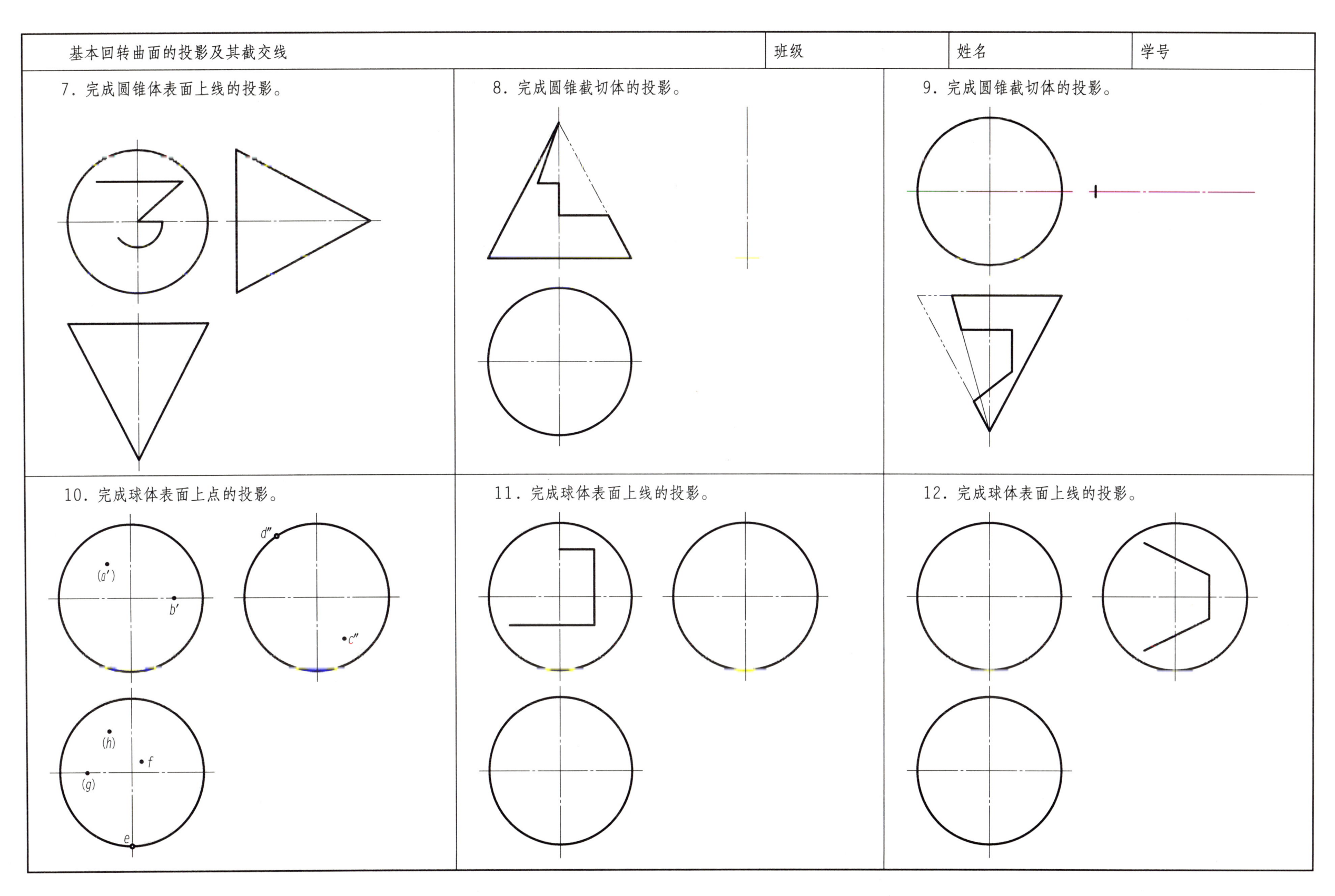

| 基本回转曲面的投影及其截交线 | 班级 | 姓名 | 学号 |

7. 完成圆锥体表面上线的投影。

8. 完成圆锥截切体的投影。

9. 完成圆锥截切体的投影。

10. 完成球体表面上点的投影。

11. 完成球体表面上线的投影。

12. 完成球体表面上线的投影。

| 基本回转曲面的投影及其截交线 | 班级　　　姓名　　　学号 |

13. 完成截切球体的投影。

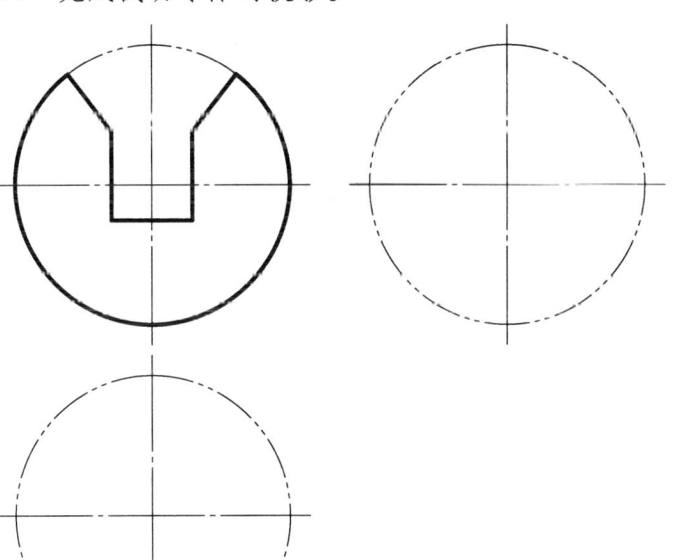

14. 完成截切球体的投影。

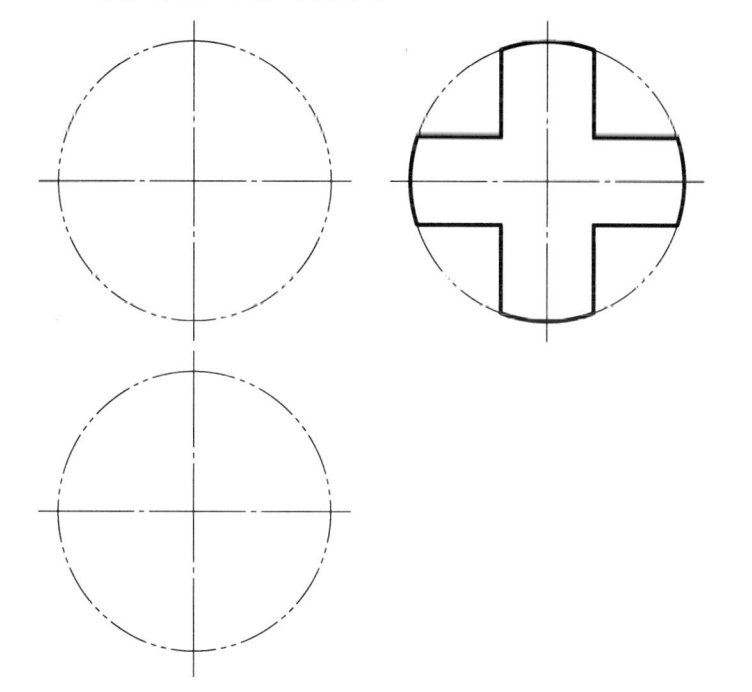

15. 完成截切球体的投影。

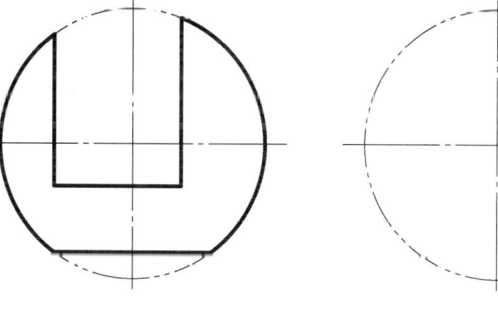

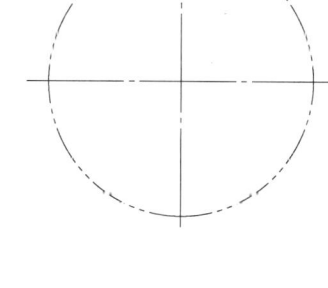

16. 完成截切体的投影。

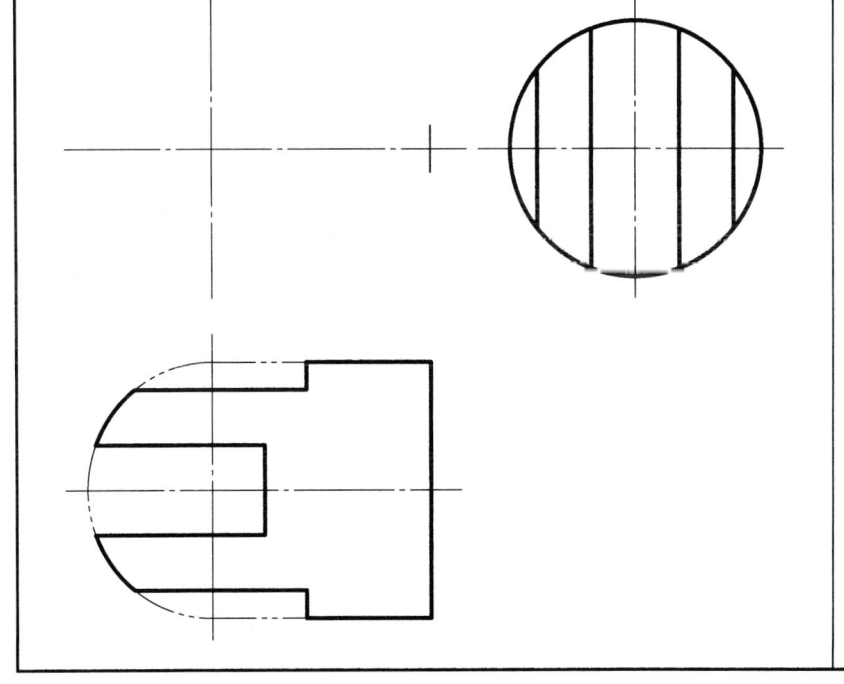

17. 补画截切组合立体的V面和W面投影。

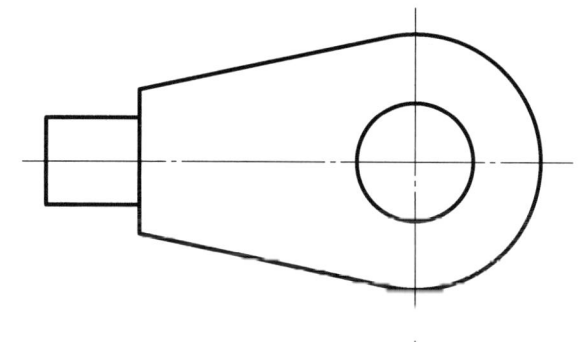

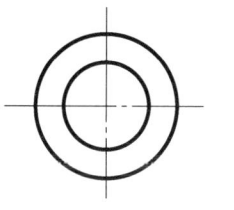

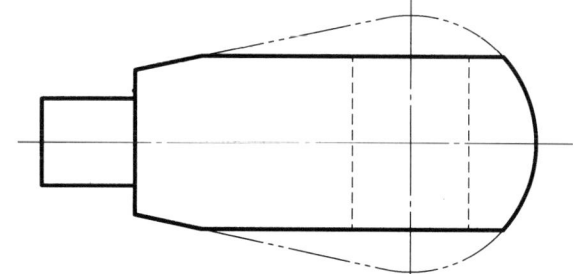

| 3.3 立体相贯 | | 班级　　　姓名　　　学号 | |
|---|---|---|---|

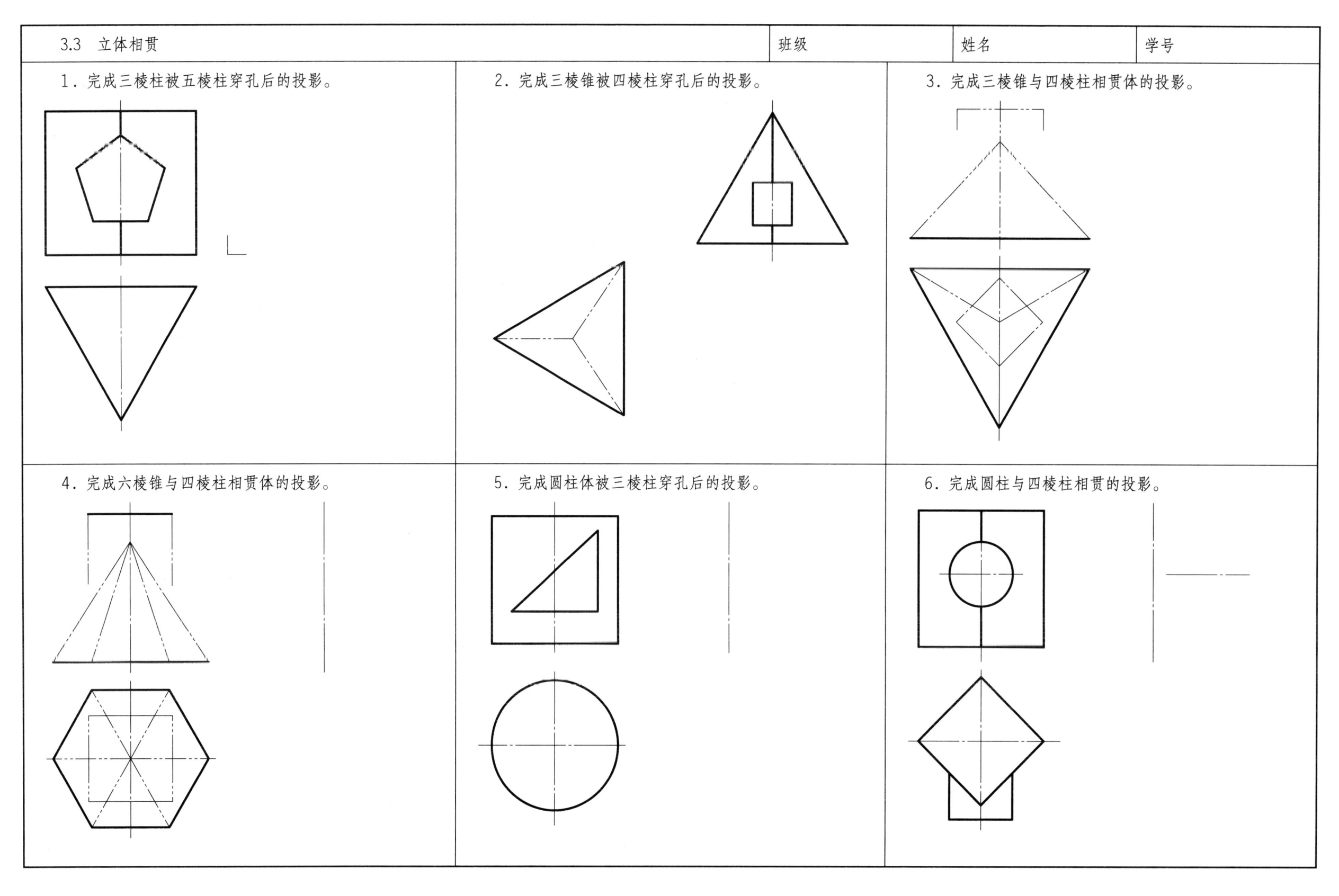

1. 完成三棱柱被五棱柱穿孔后的投影。

2. 完成三棱锥被四棱柱穿孔后的投影。

3. 完成三棱锥与四棱柱相贯体的投影。

4. 完成六棱锥与四棱柱相贯体的投影。

5. 完成圆柱体被三棱柱穿孔后的投影。

6. 完成圆柱与四棱柱相贯的投影。

| 立体相贯 | | 班级 | 姓名 | 学号 |

7. 完成半球体与三棱柱相贯后的V面和W面投影。

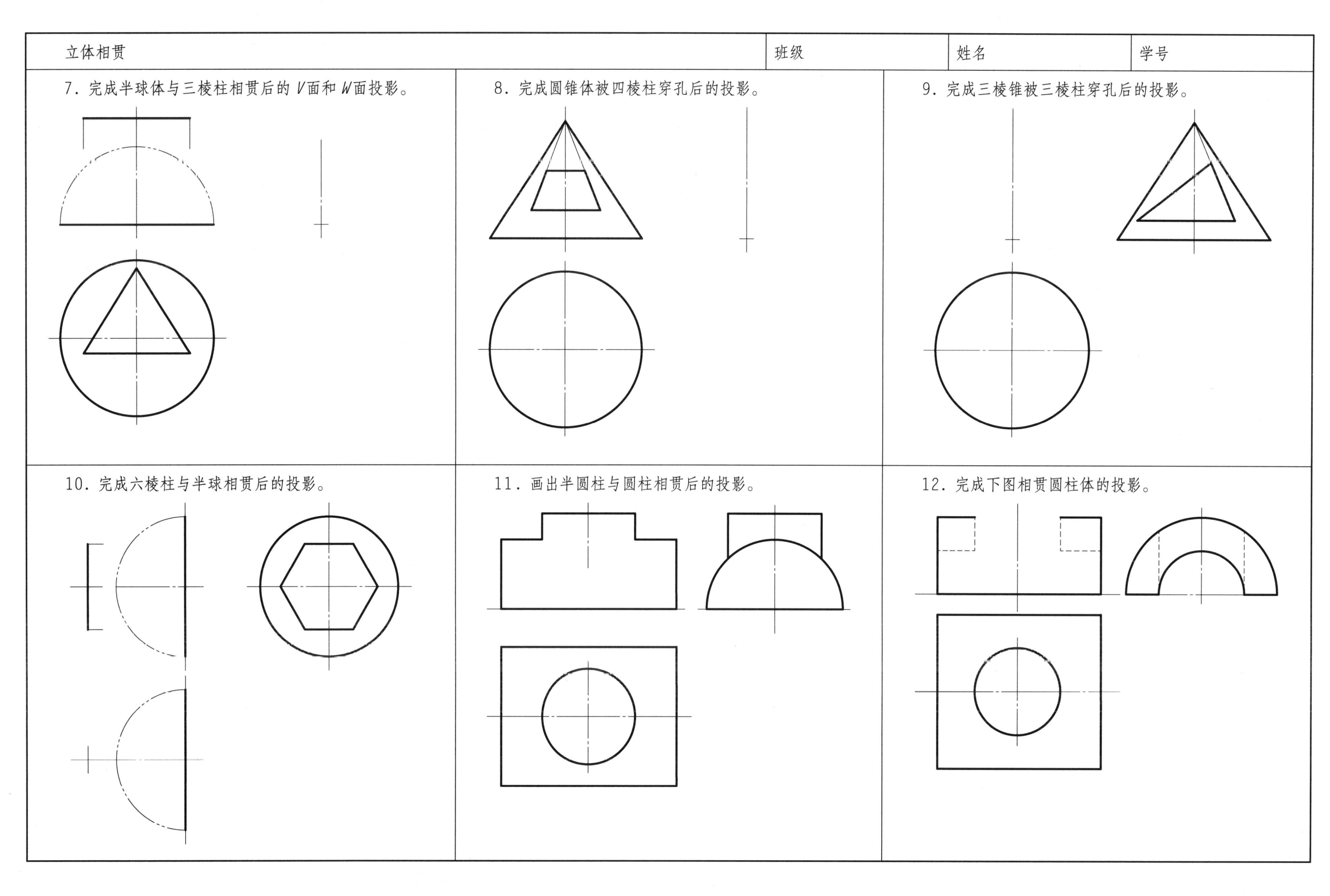

8. 完成圆锥体被四棱柱穿孔后的投影。

9. 完成三棱锥被三棱柱穿孔后的投影。

10. 完成六棱柱与半球相贯后的投影。

11. 画出半圆柱与圆柱相贯后的投影。

12. 完成下图相贯圆柱体的投影。

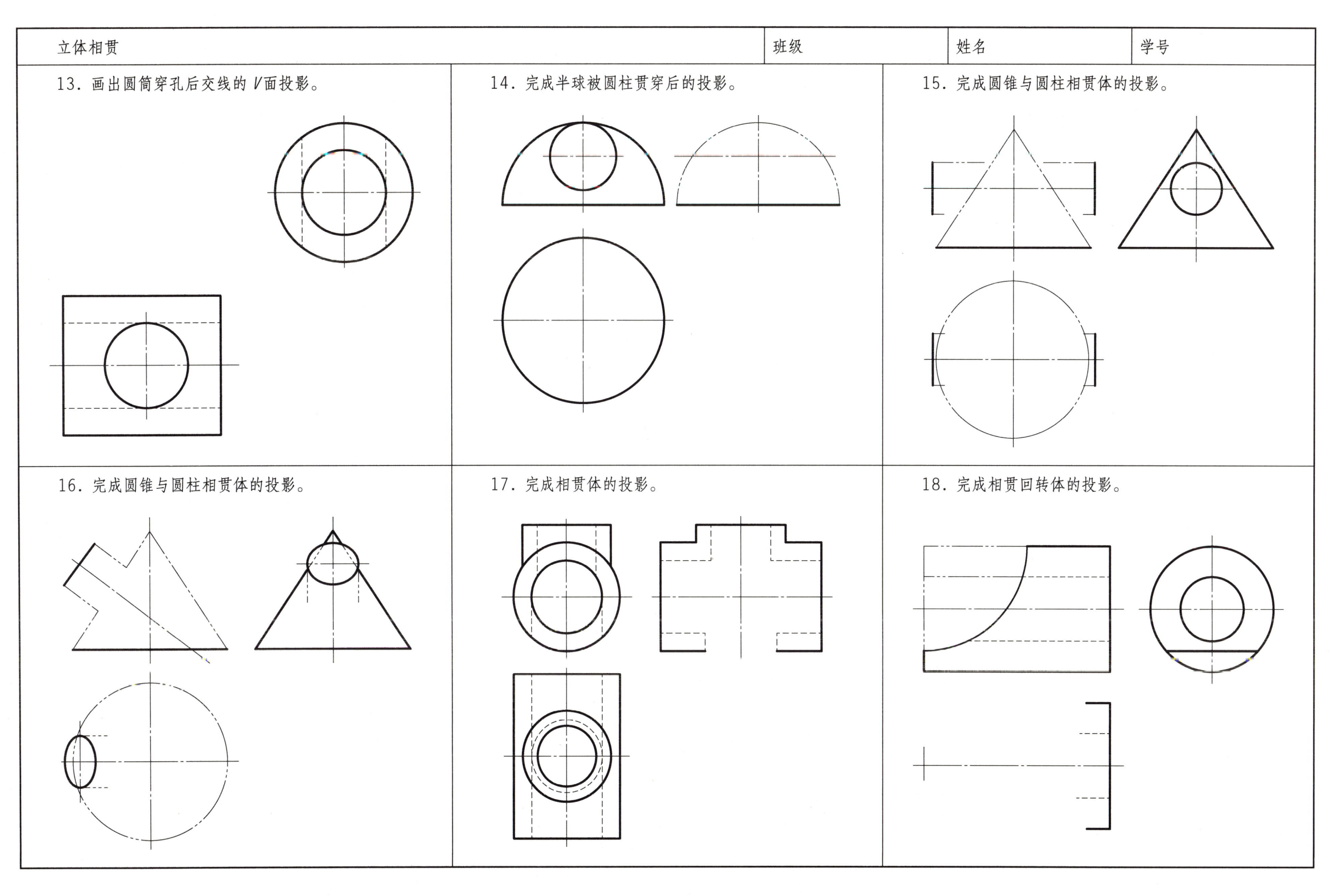

| 立体相贯 | | 班级 | 姓名 | 学号 |

13. 画出圆筒穿孔后交线的V面投影。

14. 完成半球被圆柱贯穿后的投影。

15. 完成圆锥与圆柱相贯体的投影。

16. 完成圆锥与圆柱相贯体的投影。

17. 完成相贯体的投影。

18. 完成相贯回转体的投影。

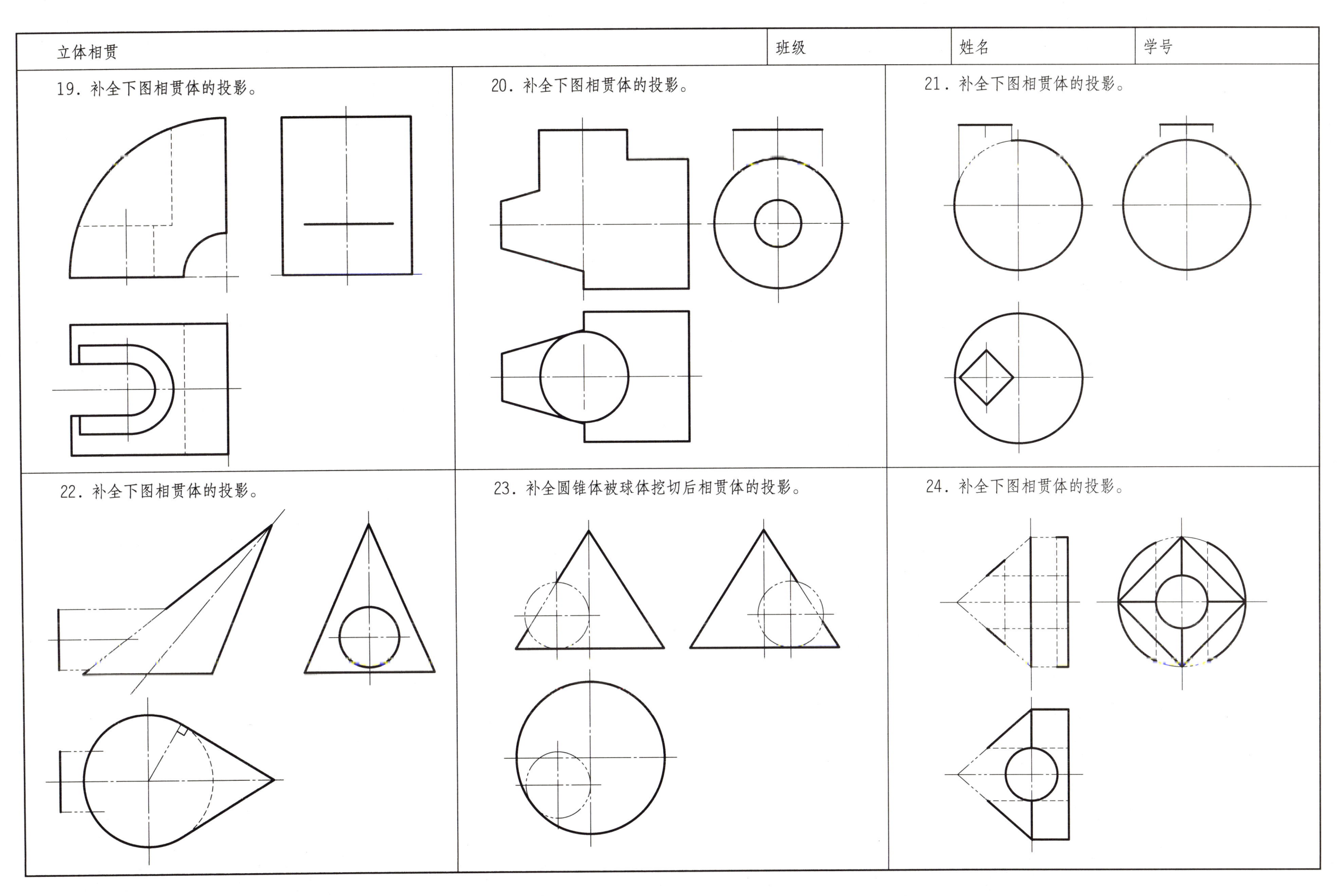

| 立体相贯 | | 班级　　　　　姓名　　　　　学号 |

19. 补全下图相贯体的投影。

20. 补全下图相贯体的投影。

21. 补全下图相贯体的投影。

22. 补全下图相贯体的投影。

23. 补全圆锥体被球体挖切后相贯体的投影。

24. 补全下图相贯体的投影。

| 3.4 立体表面的展开 | 班级 | 姓名 | 学号 |

**1. 求作图示立体各侧棱面的展开图。**

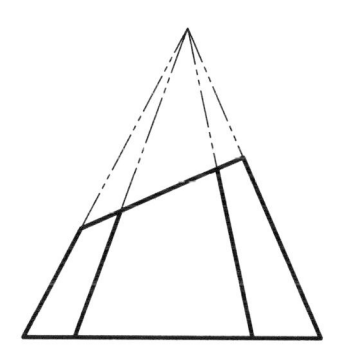

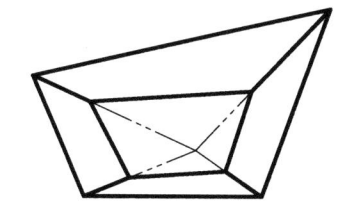

**2. 求作图示圆锥体表面被圆柱贯穿后侧面的展开图。**

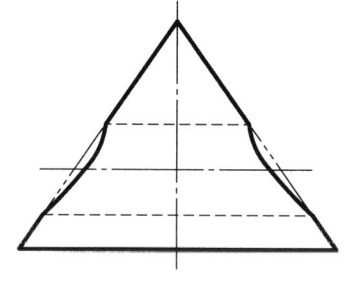

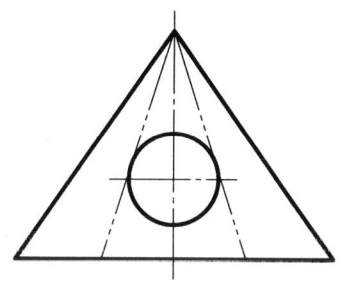

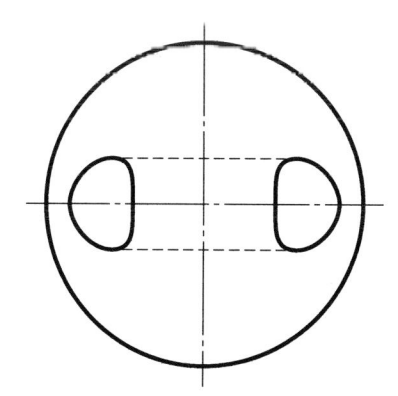

# 第4章 组合体的三视图

| 4.1 按照形体分析法由轴测图画出组合体其余两视图 | 班级 | 姓名 | 学号 |

按照形体分析法由轴测图画出组合体其余两视图(所需尺寸按比例1:1直接从轴测图中量取)。

1.

2.

3.

通孔

4.

5.

通孔

6.

通槽

| 4.2 由轴测图画出组合体其余两视图 | 班级 | 姓名 | 学号 |

由轴测图画出组合体其余两视图(所需尺寸按比例1∶1直接从轴测图中量取)。

1.

通孔

2.

3.

4.

4.3 画第三视图 班级　　　姓名　　　学号

读懂组合体两视图，画出第三视图。

1.

2.

3.

4.

5.

6.

| 画第三视图 | | 班级　　　　姓名　　　　学号 |

| 画第三视图 | 班级 | 姓名 | 学号 |

13.

14.

15.

16.

17.

18.

| 画第三视图 | | 班级　　　姓名　　　学号 |

19.

20.

21.

22.

23.

24.

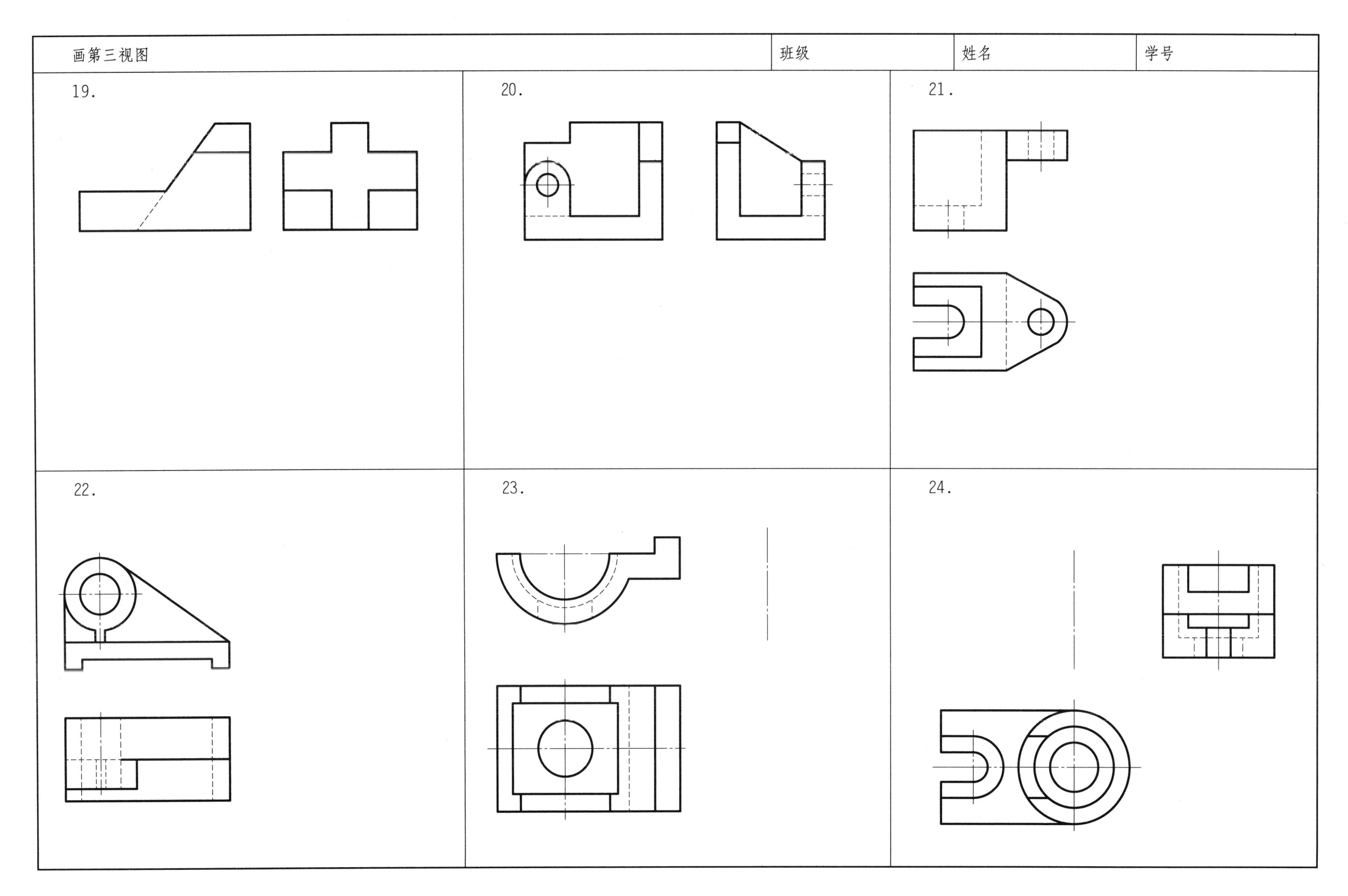

画第三视图 班级　　　　姓名　　　　学号

25.

26.

27.

28.

29.

30.

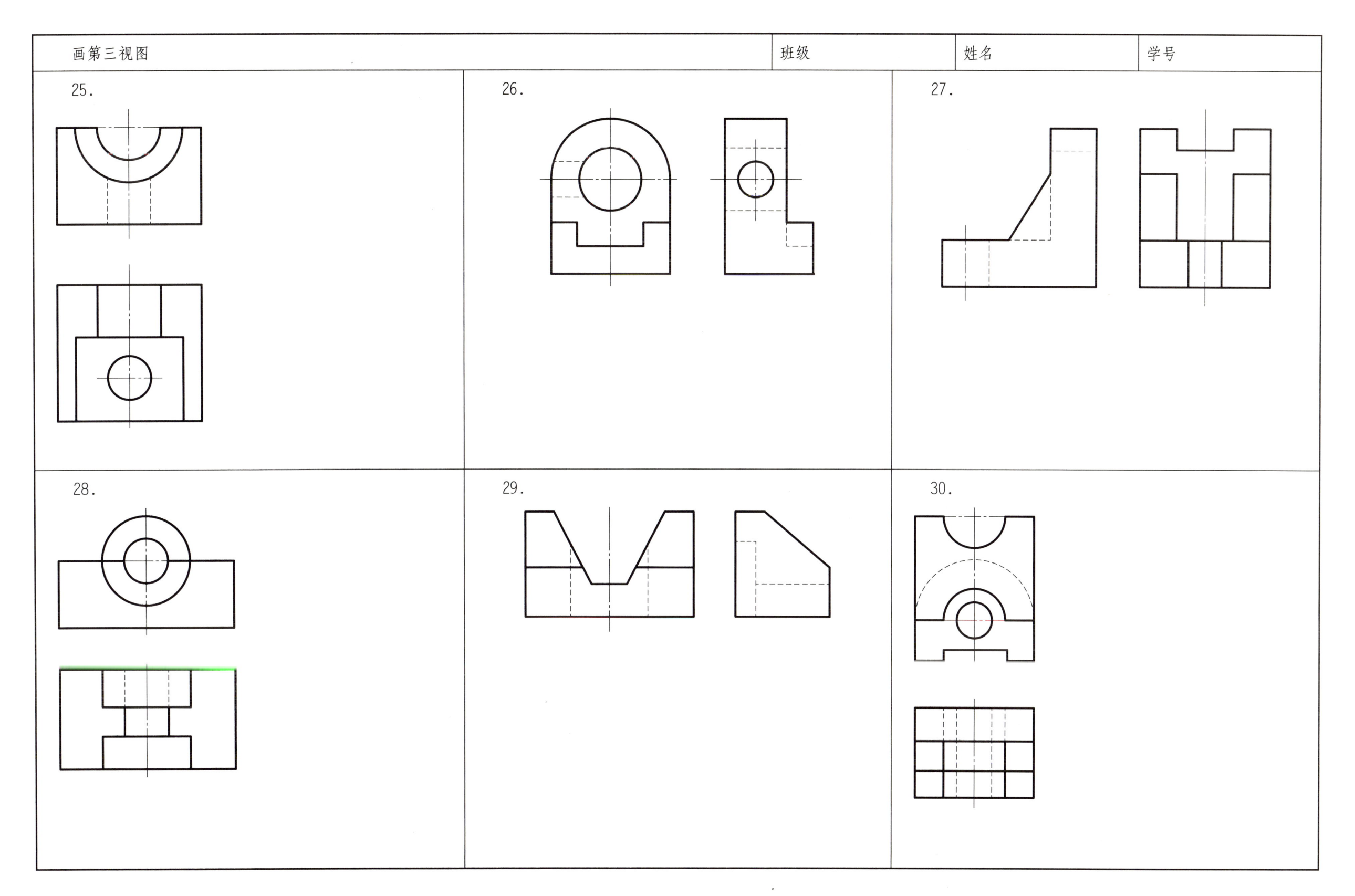

| 4.4 组合体构形练习 | 班级 | 姓名 | 学号 |

**1. 根据已知的俯视图，构思想象三个不同形状的组合体，并画出其他两个视图。**

（1）　　　　　　　　　　　　　　　　（2）　　　　　　　　　　　　　　　　（3）

**2. 根据已知的主视图，构思想象三个不同形状的组合体，并画出其他两个视图。**

（1）　　　　　　　　　　　　　　　　（2）　　　　　　　　　　　　　　　　（3）

| 4.5 补画组合体视图中缺漏的图线 | 班级 | 姓名 | 学号 |

**1. 根据形状变化，补全主视图中缺漏的图线。**

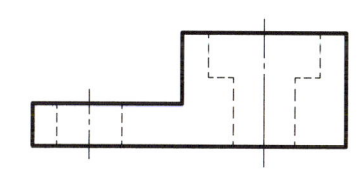

（1）　　　　　　　　　　（2） 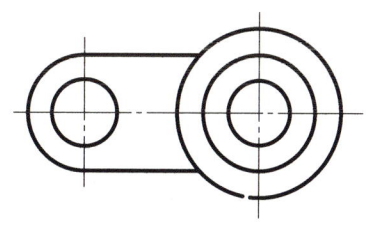　　　　　　　　　　（3） 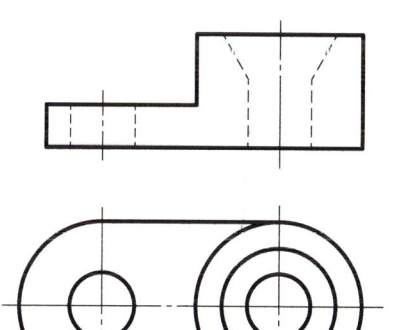　　　　　　　　　　（4）

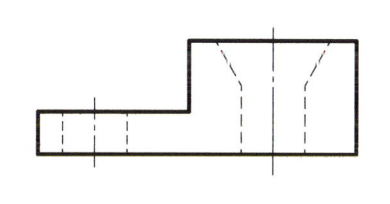

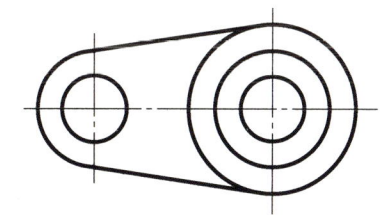

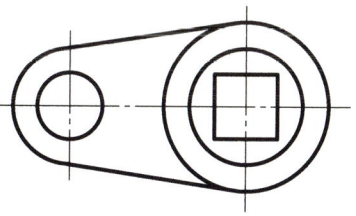

**2. 补画主视图、俯视图中缺漏的图线。**

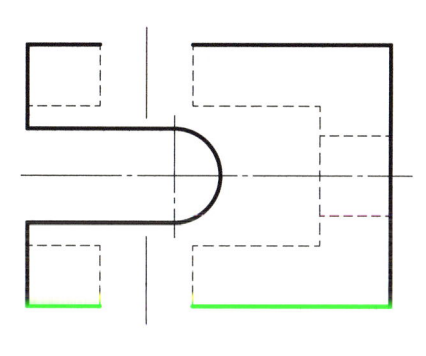

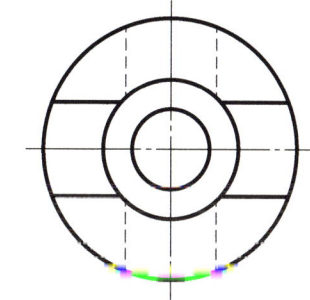

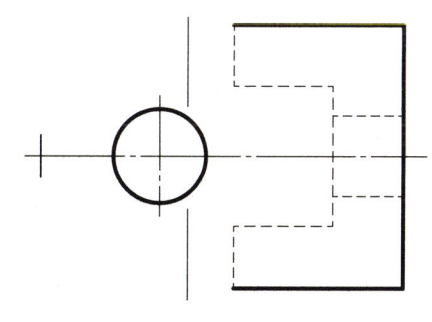

**3. 补画主视图、左视图中缺漏的图线。**

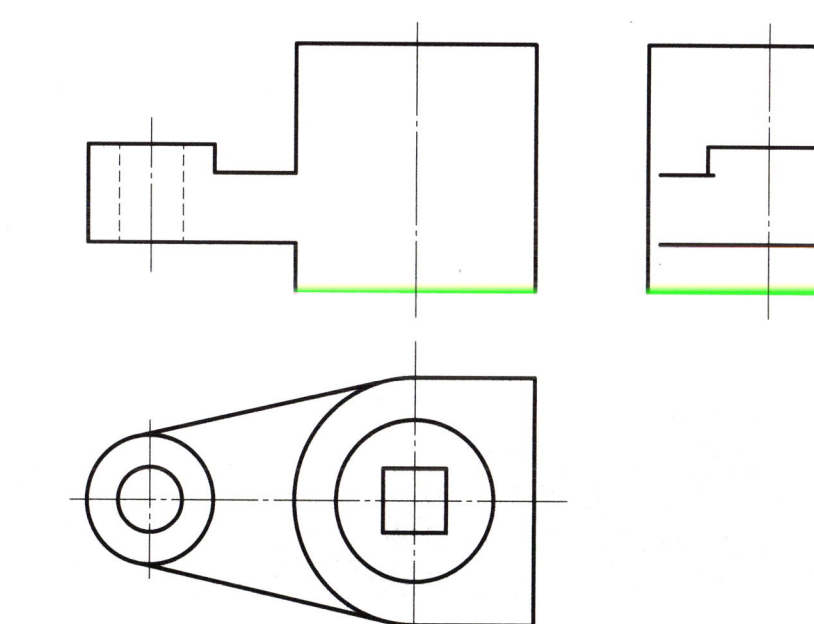

| 4.6 组合体的尺寸标注 | 班级 | 姓名 | 学号 |

1. 标注下列形体的尺寸(数值按比例 1∶1 直接从图上量，取整数)。

（1）

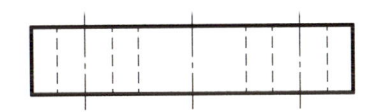

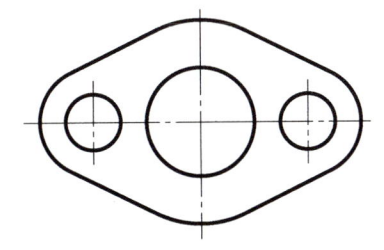

（2）

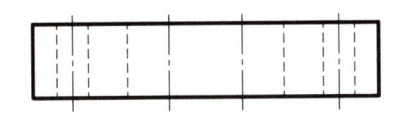

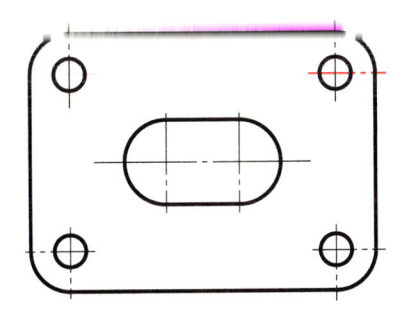

2. 圈出图中不符合国家标准规定的尺寸，并在右边图上正确地标注出尺寸(数值按比例 1∶1 直接从图上量，取整数)。

（1）

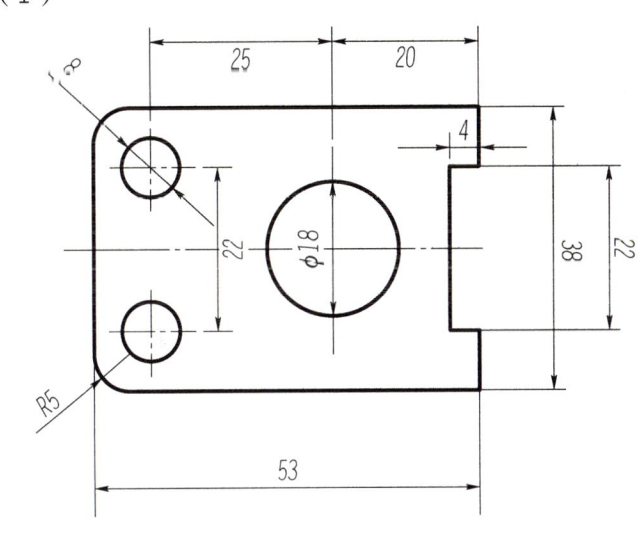

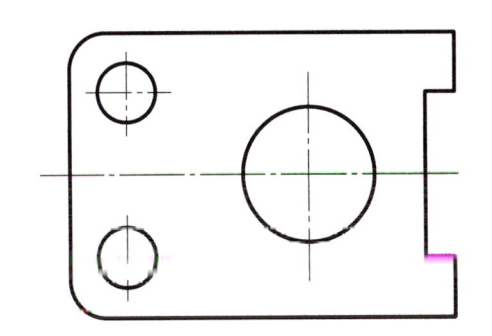

（2）

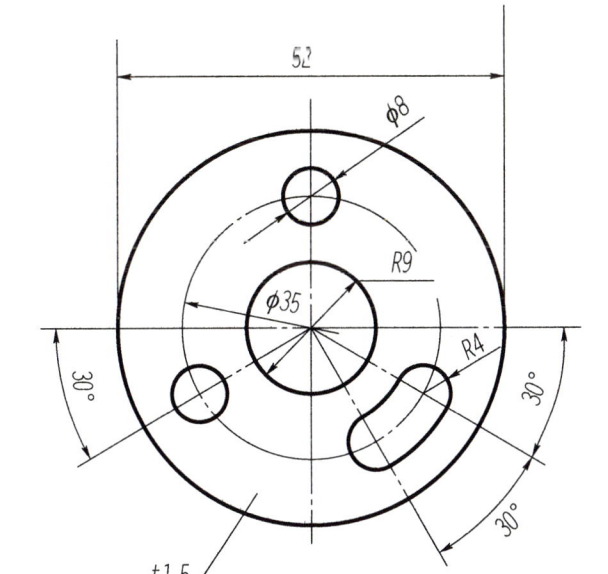

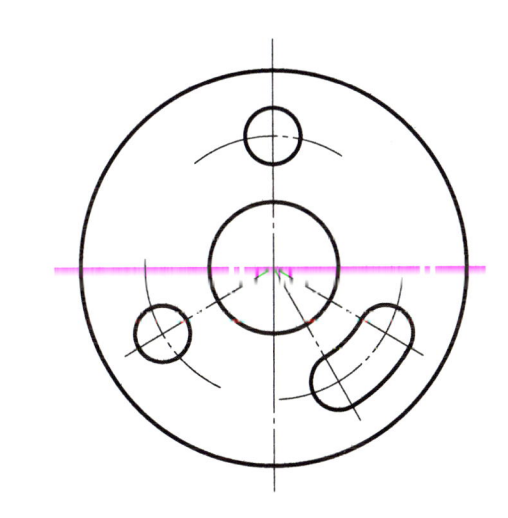

| 组合体的尺寸标注 | 班级 | 姓名 | 学号 |

3. 标注组合体的尺寸(数值按比例1∶1直接从图上量,取整数)。

（1）

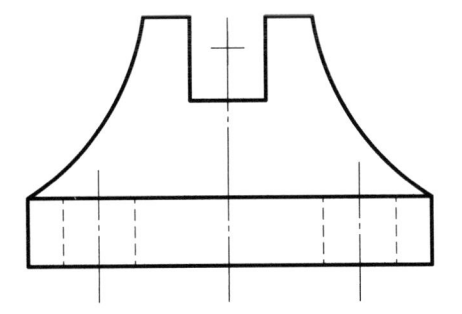

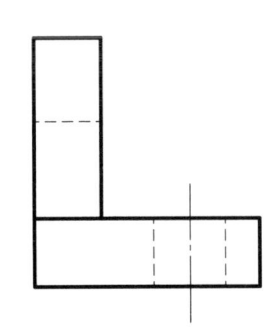

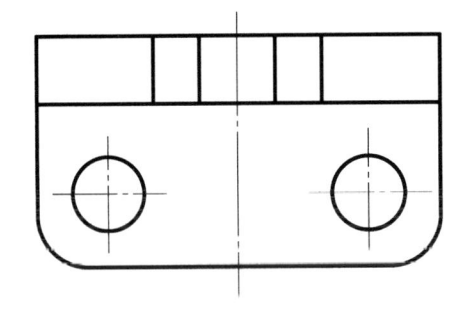

（2）

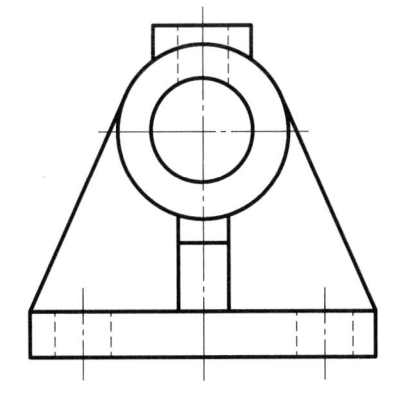

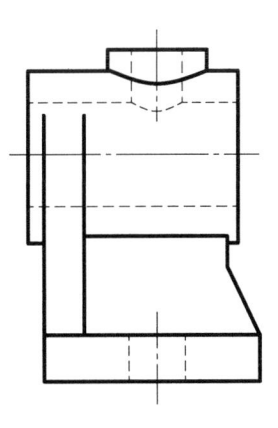

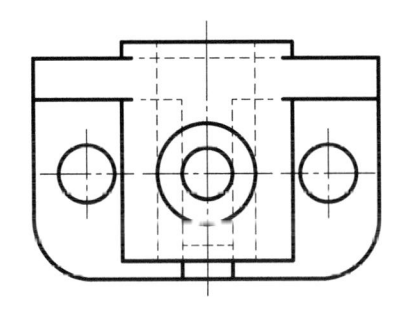

| 4.7 组合体三视图大作业 | 班级 | 姓名 | 学号 |

作业指示：①由组合体轴测图（及俯视图）进行形体分析，选择主视图（选做其中之一）；②按比例 1∶1 用 A3 图幅画出三视图并标注尺寸；③标题栏填写——图名：组合体三视图；图号：04-01 或 02、03。

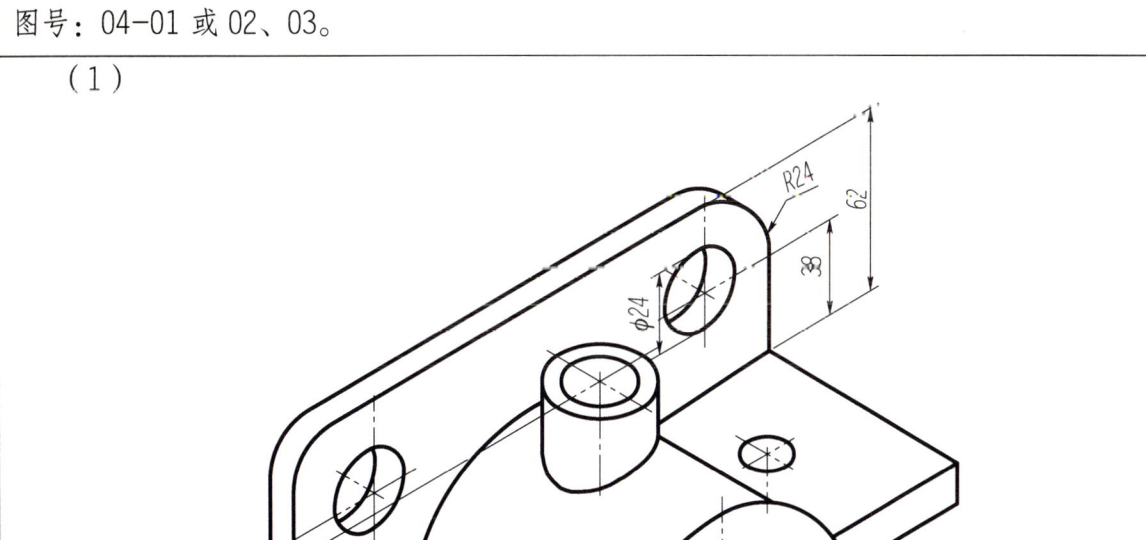

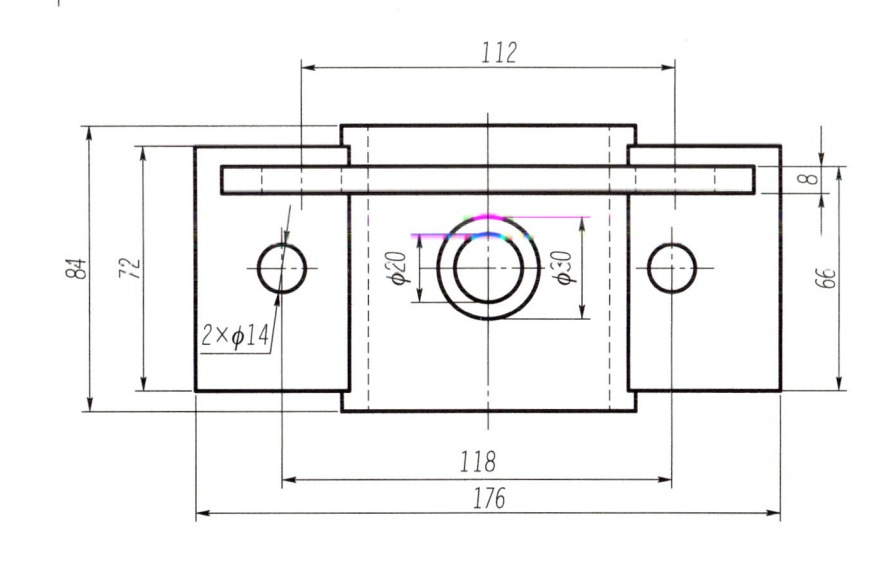

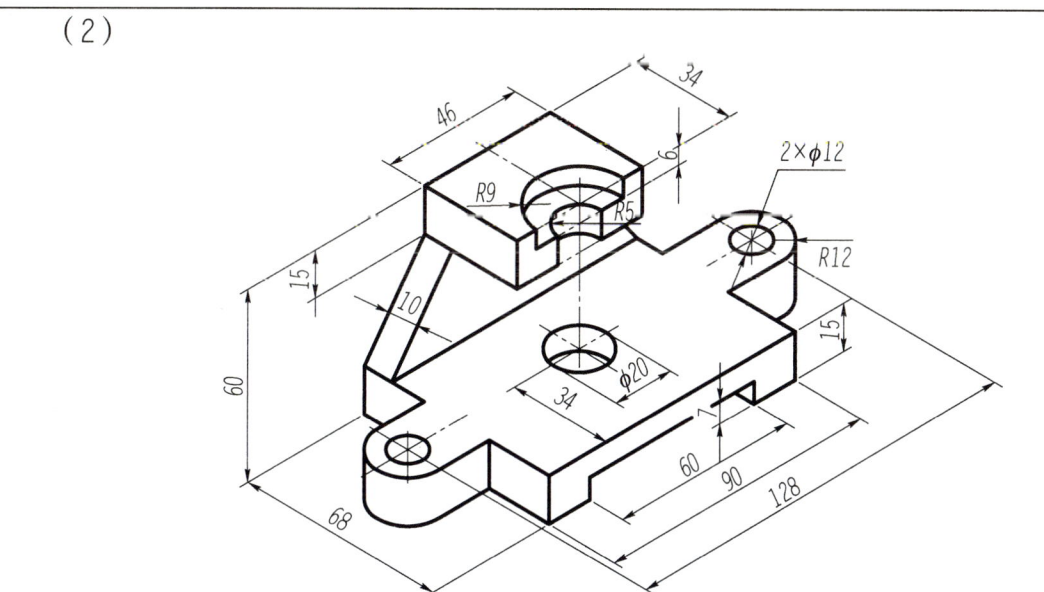

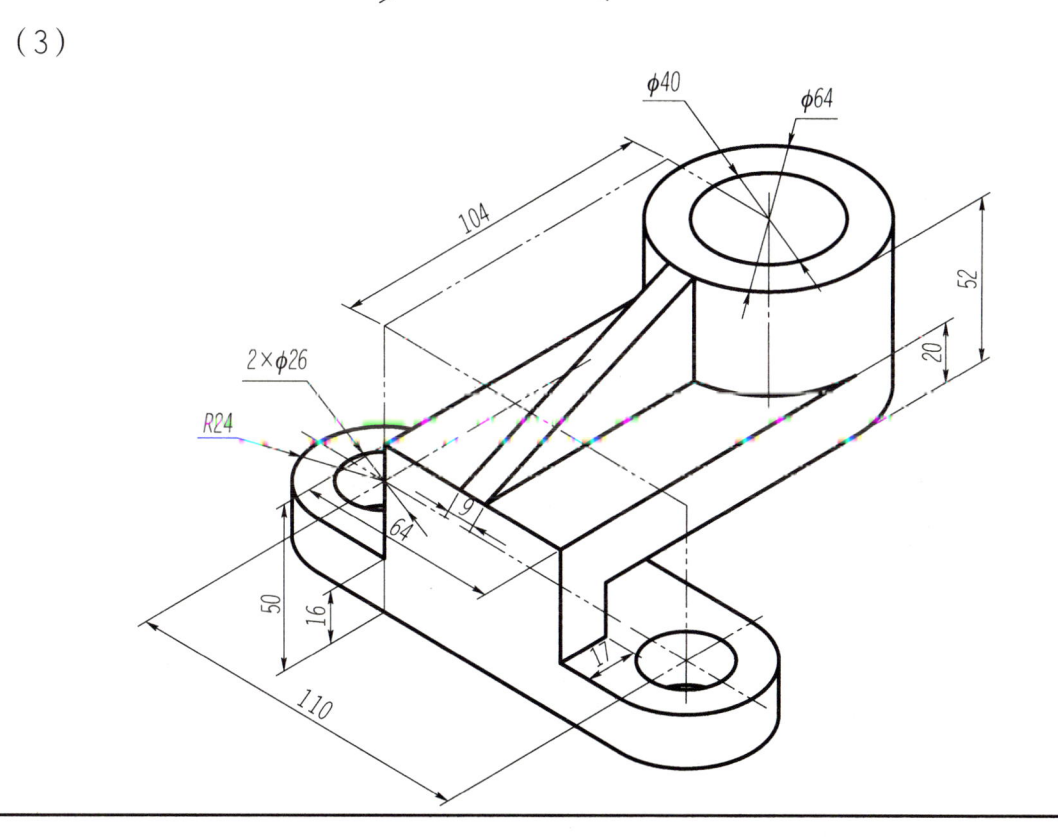

（1）

（2）

（3）

# 第5章 机件的表达方法

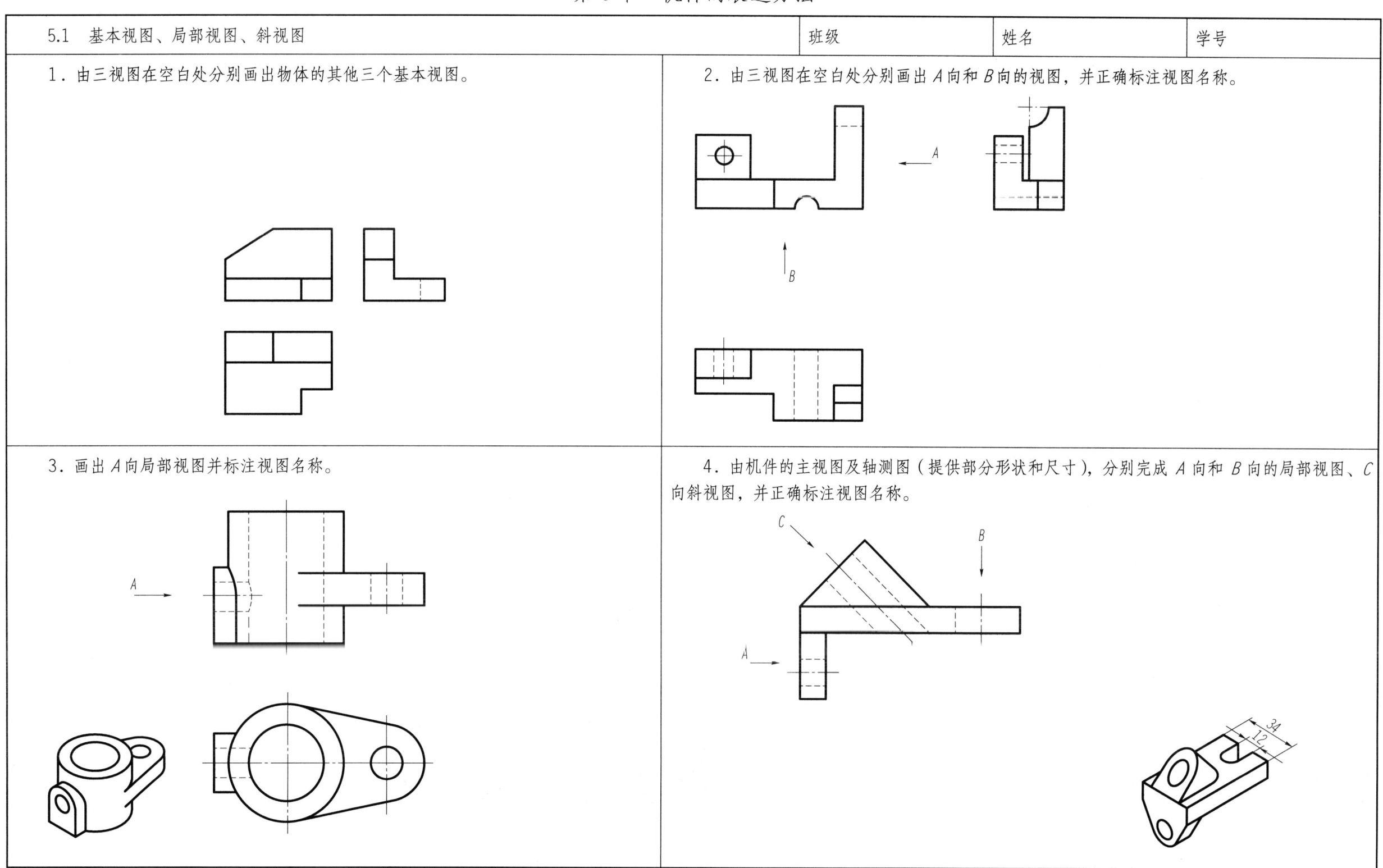

| 5.1 基本视图、局部视图、斜视图 | 班级 | 姓名 | 学号 |

**1.** 由三视图在空白处分别画出物体的其他三个基本视图。

**2.** 由三视图在空白处分别画出 A 向和 B 向的视图，并正确标注视图名称。

**3.** 画出 A 向局部视图并标注视图名称。

**4.** 由机件的主视图及轴测图（提供部分形状和尺寸），分别完成 A 向和 B 向的局部视图、C 向斜视图，并正确标注视图名称。

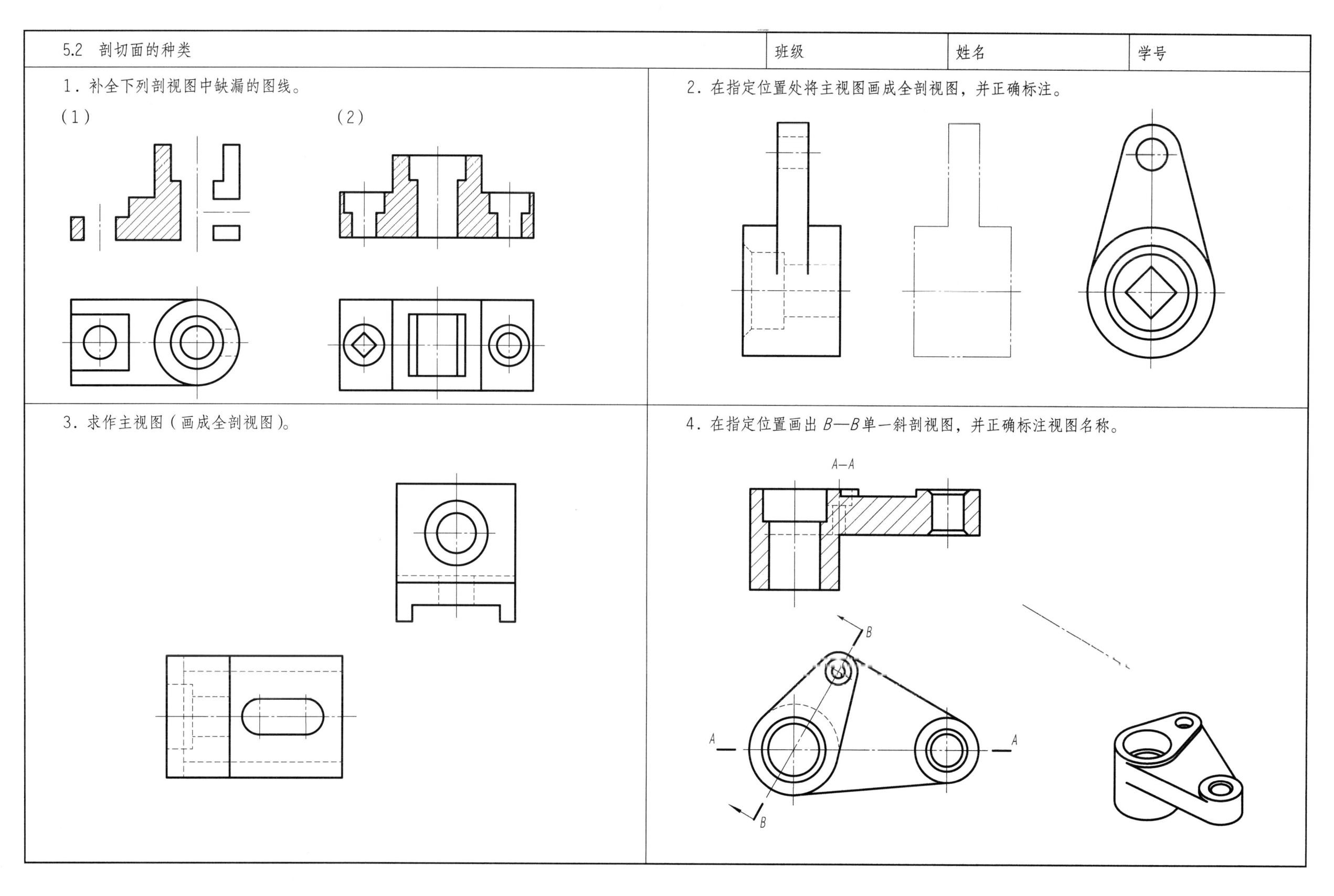

| 5.2 剖切面的种类 | 班级 | 姓名 | 学号 |

1. 补全下列剖视图中缺漏的图线。
   （1）　　　　（2）

2. 在指定位置处将主视图画成全剖视图，并正确标注。

3. 求作主视图（画成全剖视图）。

4. 在指定位置画出 B—B 单一斜剖视图，并正确标注视图名称。

| 剖切面的种类 | 班级 | 姓名 | 学号 |

5. 用平行的剖切平面剖切的方法，在指定位置将主视图画成全剖视图，并正确标注。

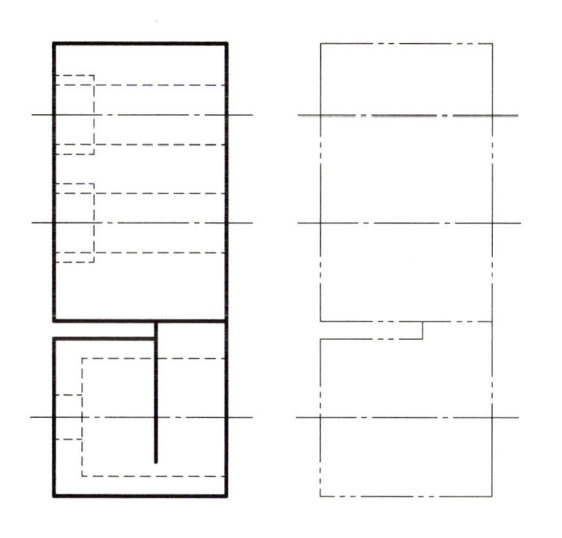

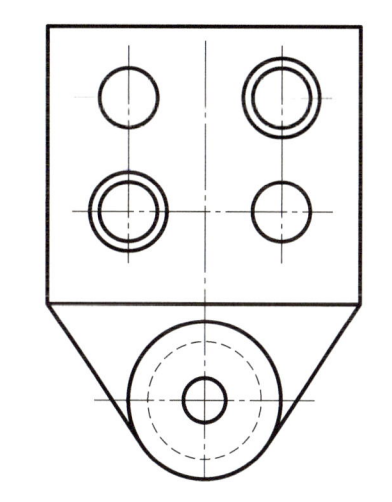

6. 采用恰当的剖切方法，在指定位置将主视图画成全剖视图，并正确标注。

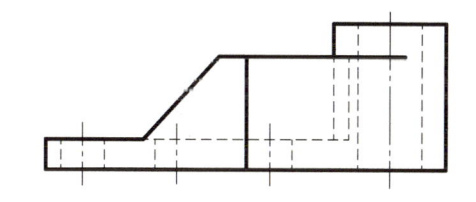

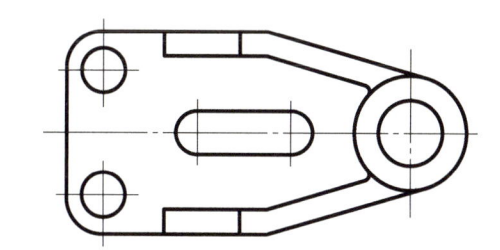

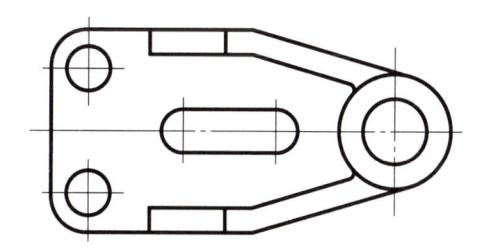

7. 用两个相交的剖切平面剖切的方法，在指定位置处将主视图画成全剖视图，并正确标注。

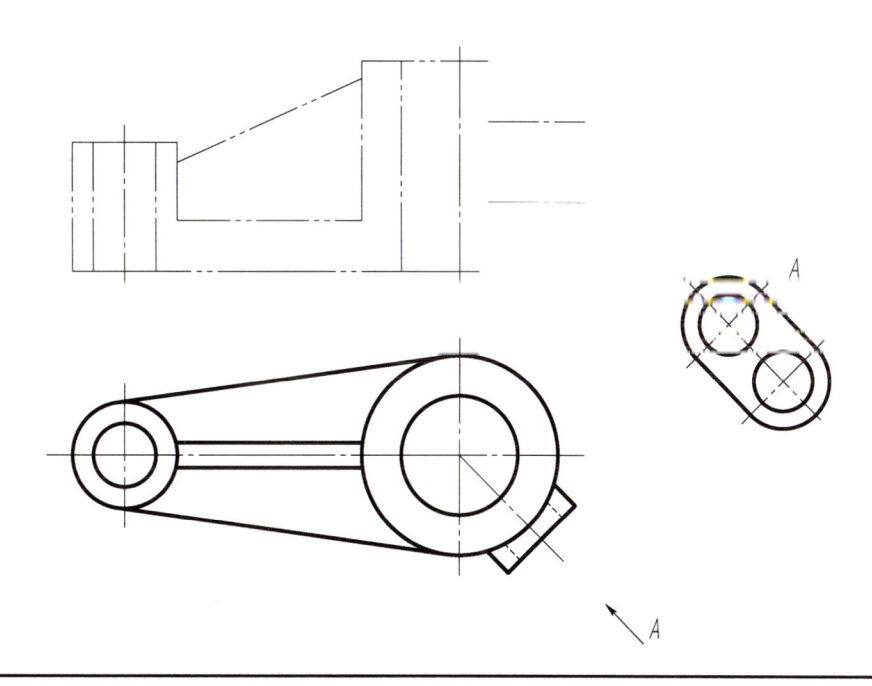

8. 采用恰当的剖切方法，在指定位置将主视图画成全剖视图，并正确标注。

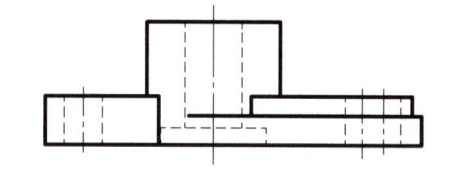

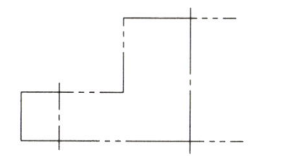

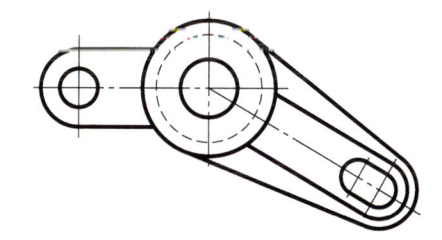

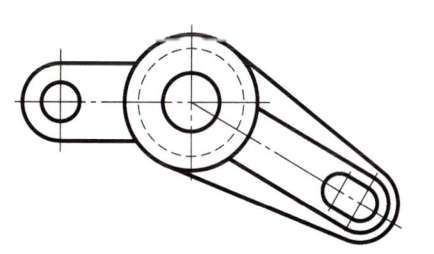

| 剖切面的种类 | | 班级 | 姓名 | 学号 |
|---|---|---|---|---|

9. 采用恰当的剖切方法，在指定位置将主视图画成全剖视图，并正确标注。

（1） （2） （3）

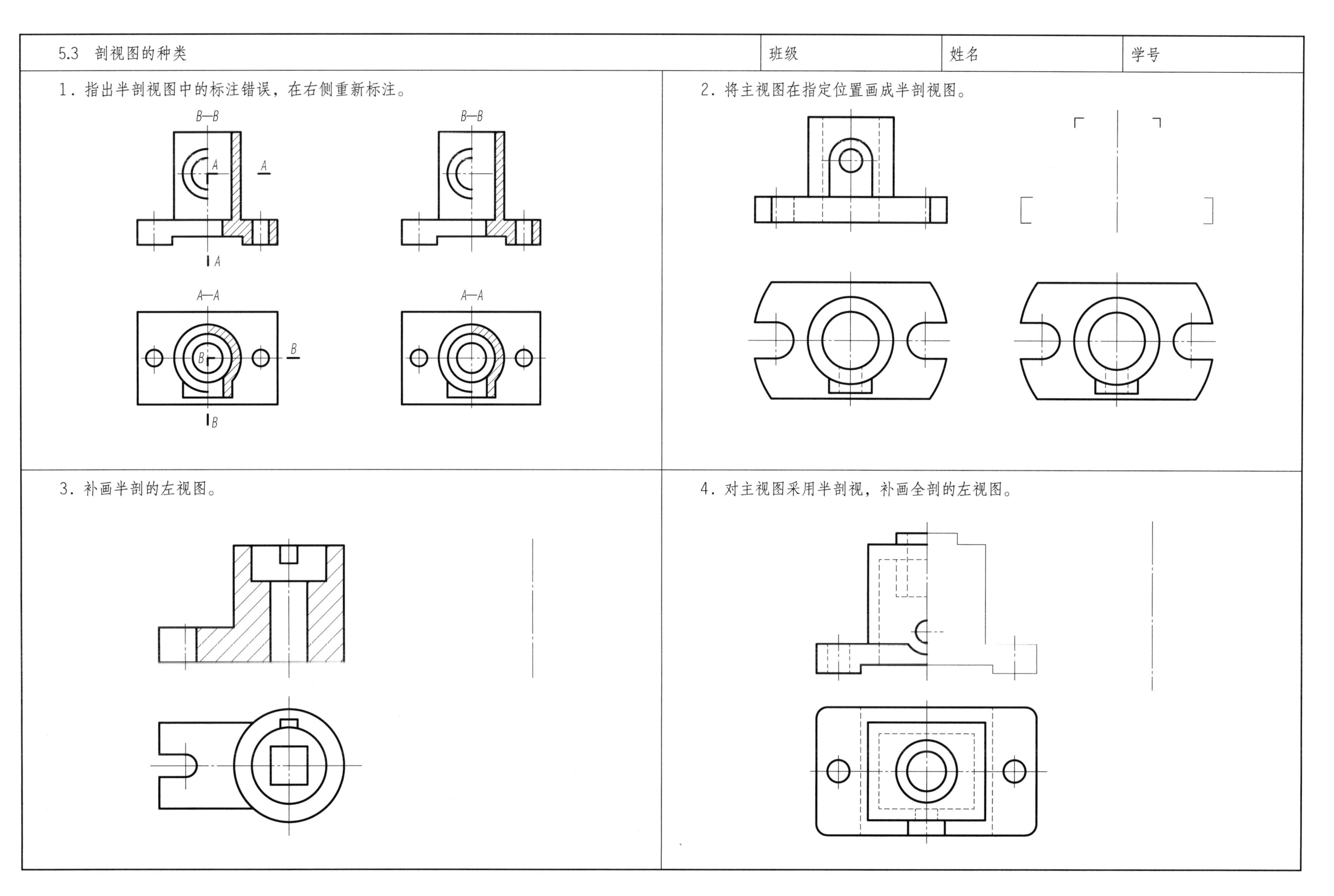

5.3 剖视图的种类　　　班级　　姓名　　学号

1. 指出半剖视图中的标注错误，在右侧重新标注。

2. 将主视图在指定位置画成半剖视图。

3. 补画半剖的左视图。

4. 对主视图采用半剖视，补画全剖的左视图。

| 剖视图的种类 | 班级 | 姓名 | 学号 |

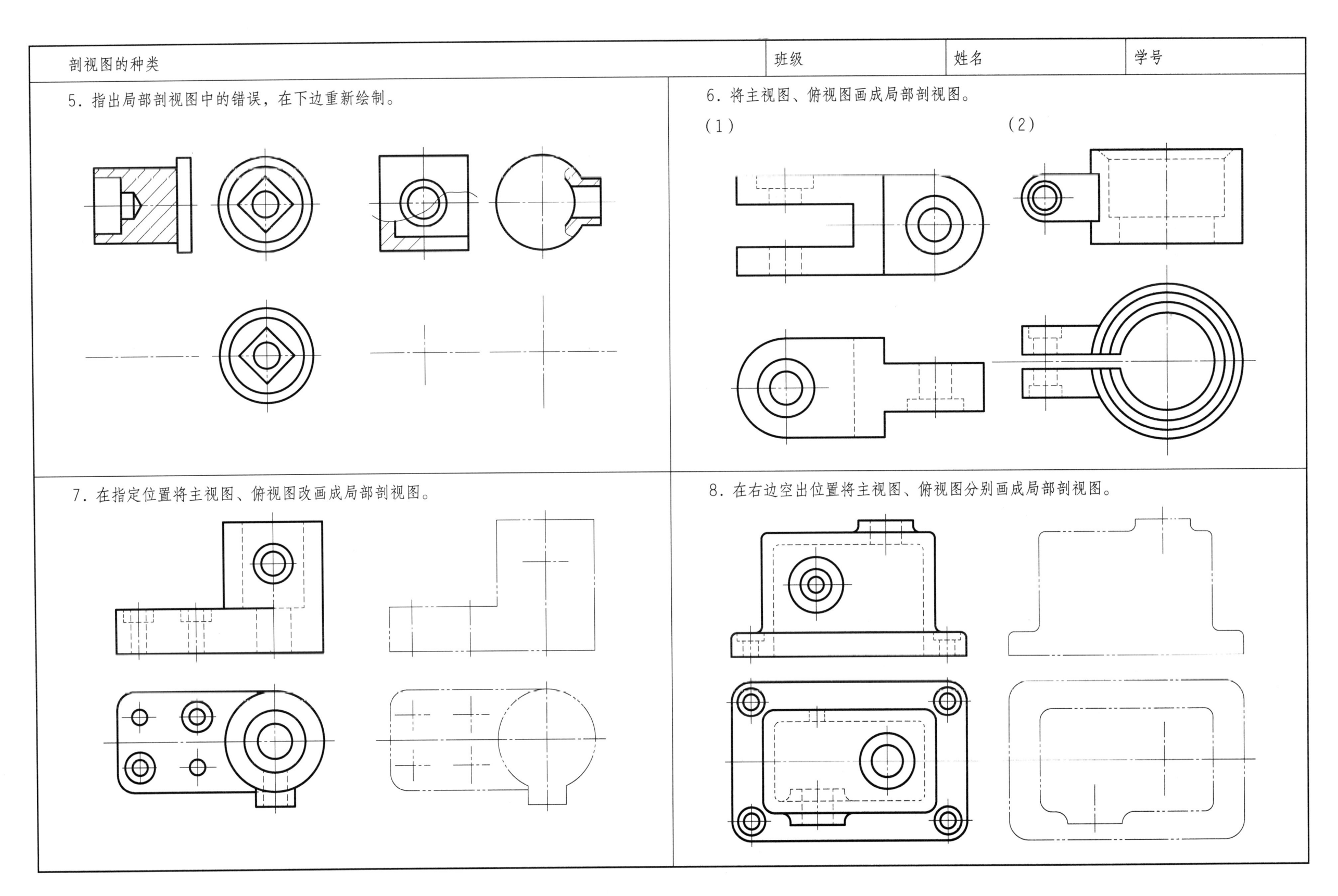

**5.** 指出局部剖视图中的错误，在下边重新绘制。

**6.** 将主视图、俯视图画成局部剖视图。
（1） （2）

**7.** 在指定位置将主视图、俯视图改画成局部剖视图。

**8.** 在右边空出位置将主视图、俯视图分别画成局部剖视图。

| 5.4 断面图 | 班级 | 姓名 | 学号 |

1. 选择正确的断面图：

(1) 正确的是_____；  (2) 正确的是_____；  (3) 正确的是_____；

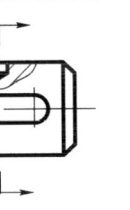

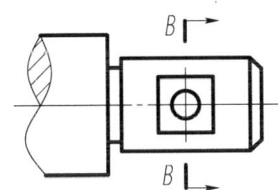

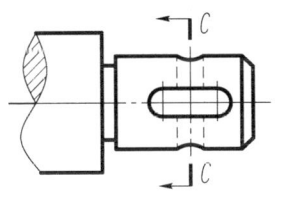

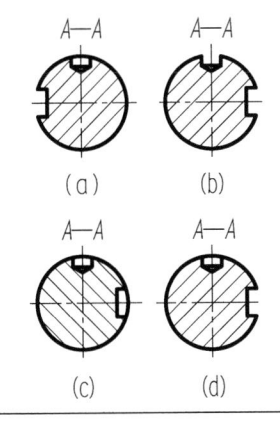

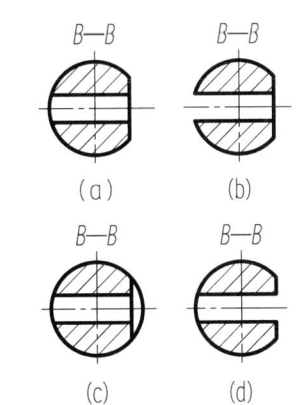

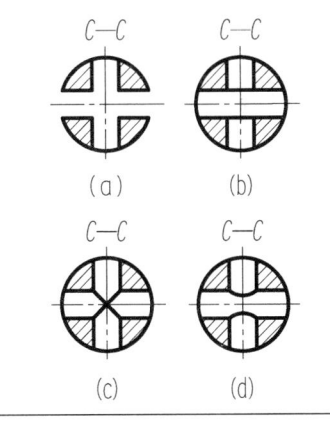

2. 作 A—A 及 B—B 断面图，并标注视图。

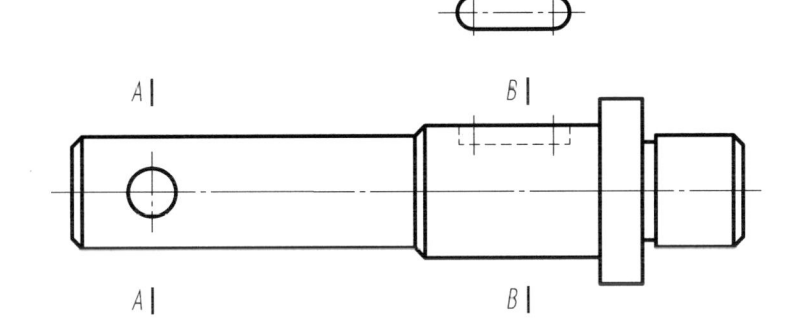

3. 在剖切线的延长线上画出移出断面图。

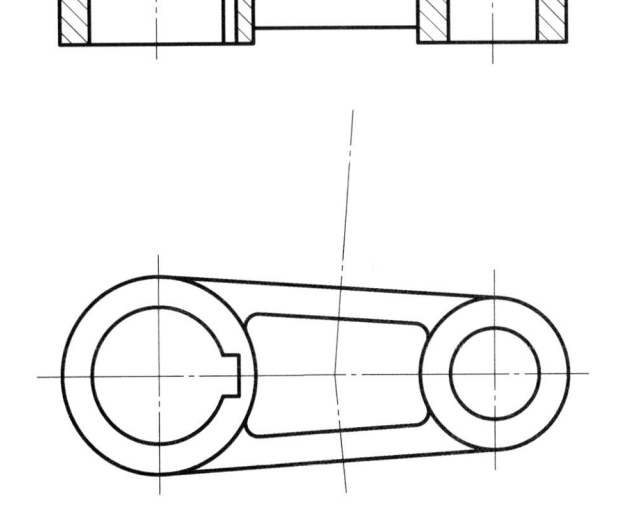

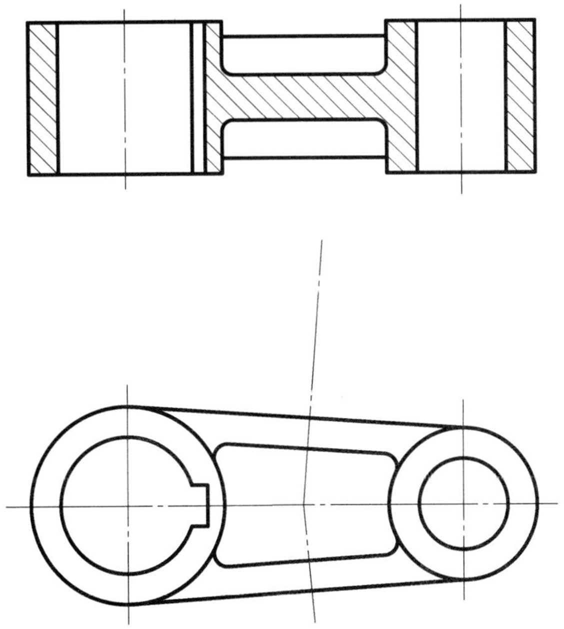

4. 在俯视图的剖切位置上画出重合断面图。

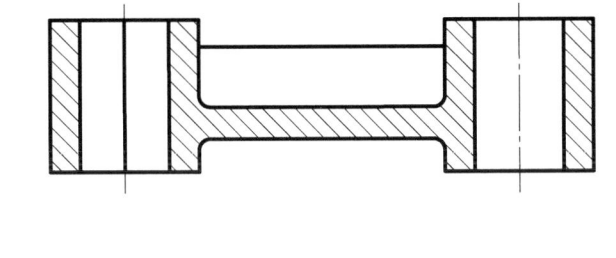

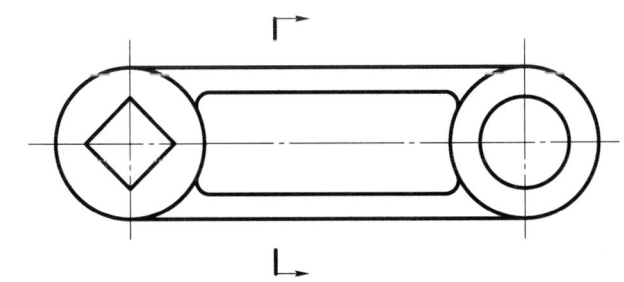

| 5.5 其他表达方法 | 班级　　　姓名　　　学号 |
|---|---|

1. 在指定位置画出全剖视的主视图，注意回转体上均匀分布的肋板、孔等结构的简化画法。

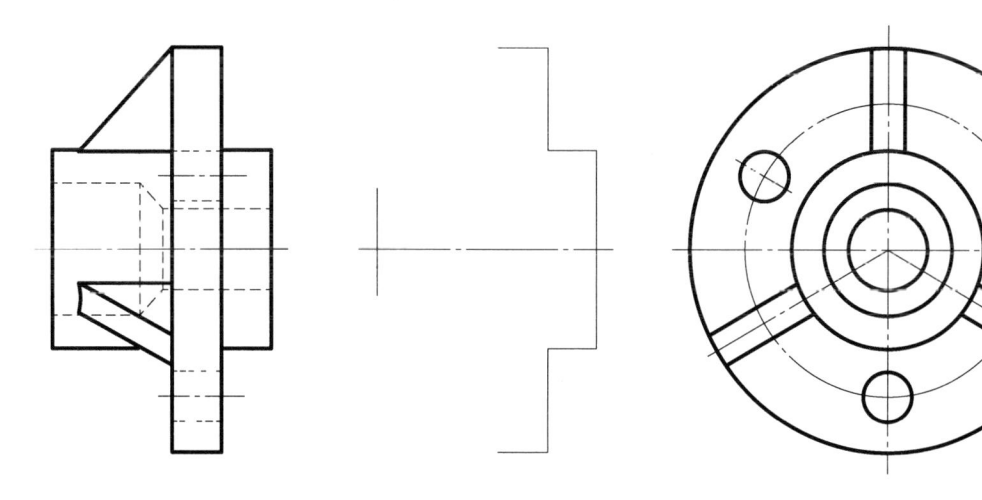

2. 在中间空白位置画出全剖主视图。

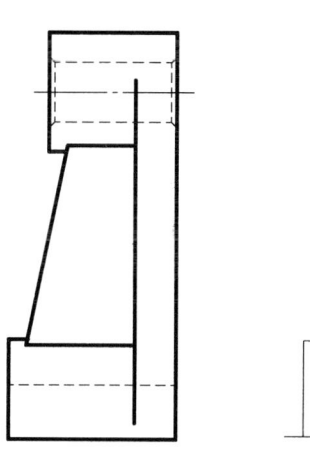

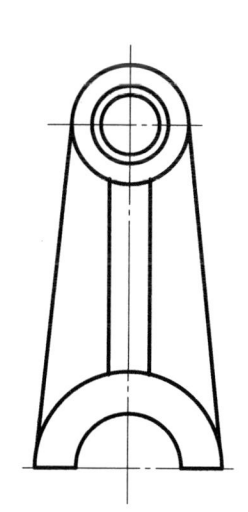

3. 按4∶1的比例将下图中所圈位置的局部放大图画出，并正确标注。

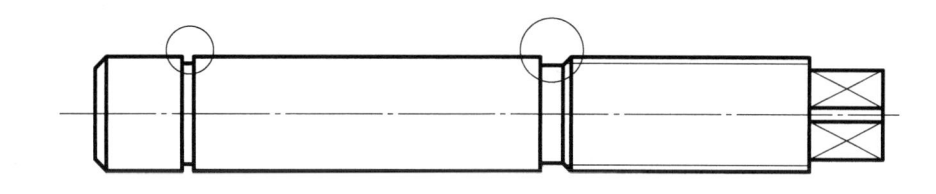

4. 采用简化画法画出左侧键槽的断面图，并对右侧内孔在指定位置进行局部剖视。

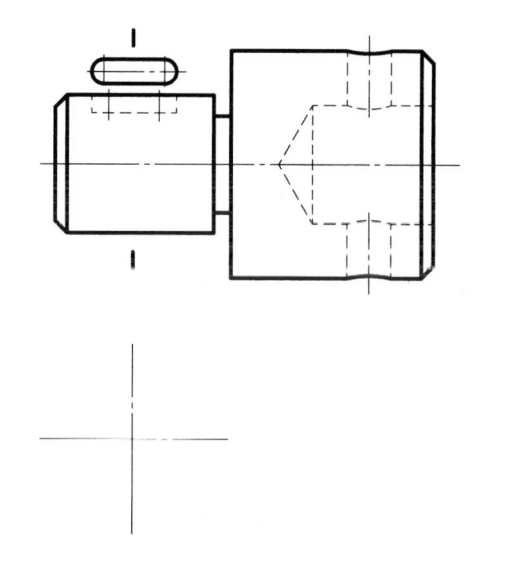

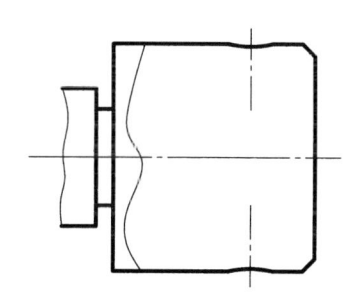

| 5.6 机件表达方法综合练习 | 班级 | 姓名 | 学号 |

作业指示：①看懂所给视图，采用适当表达方法重新表达该物体，并标注尺寸（选做其中之一）；②按照1：1的比例用A3幅面图纸绘制，尺寸数值按比例1：1直接从图上量取；③标题栏填写——图名：机件综合表达，图号：05-01 或 05-02。

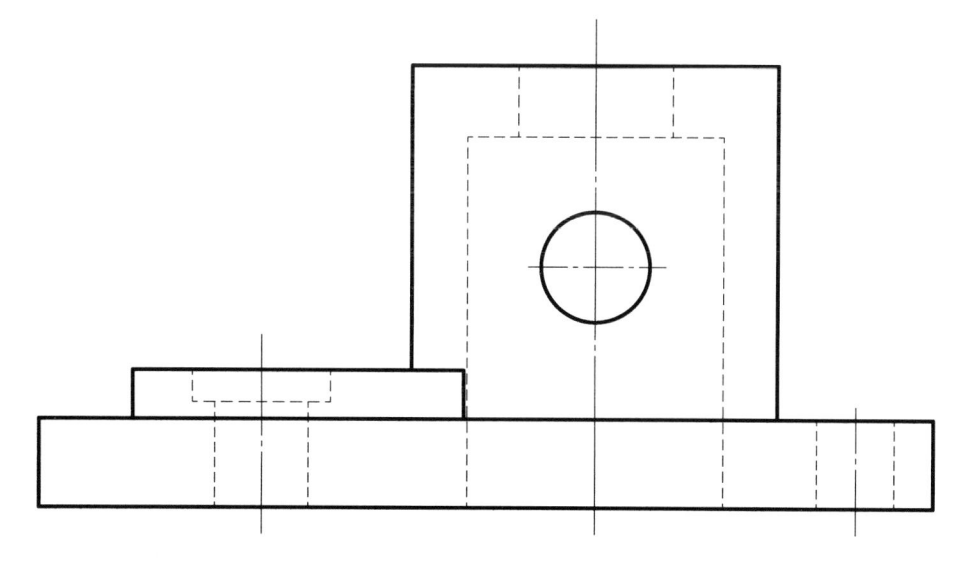

（1）

（2）

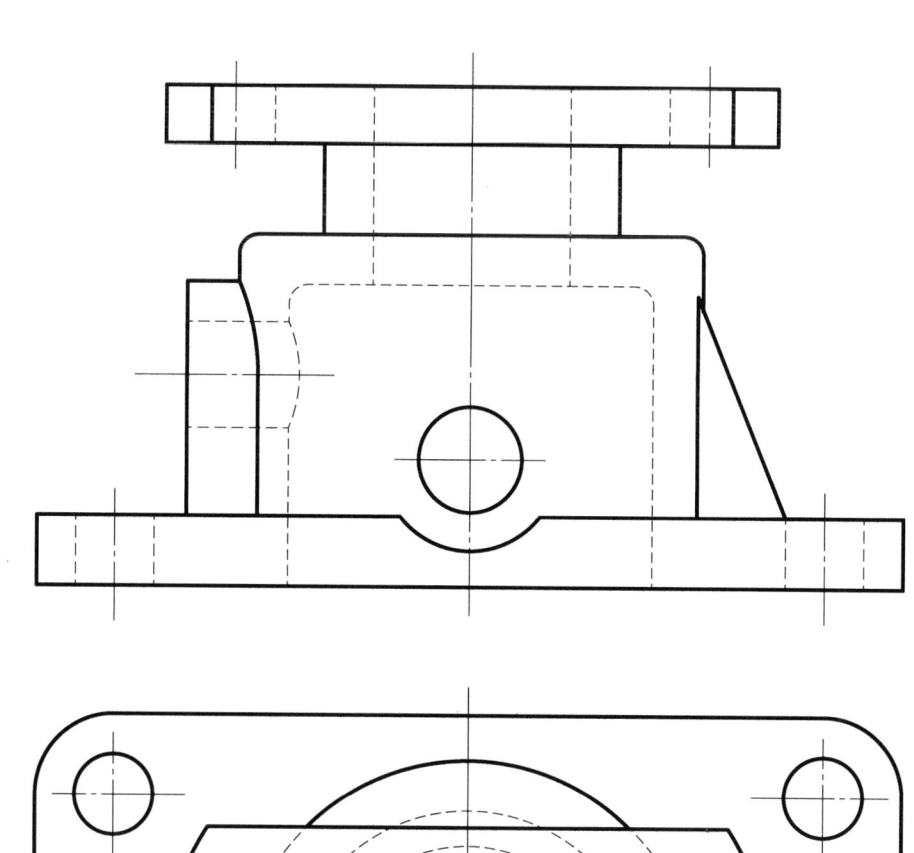

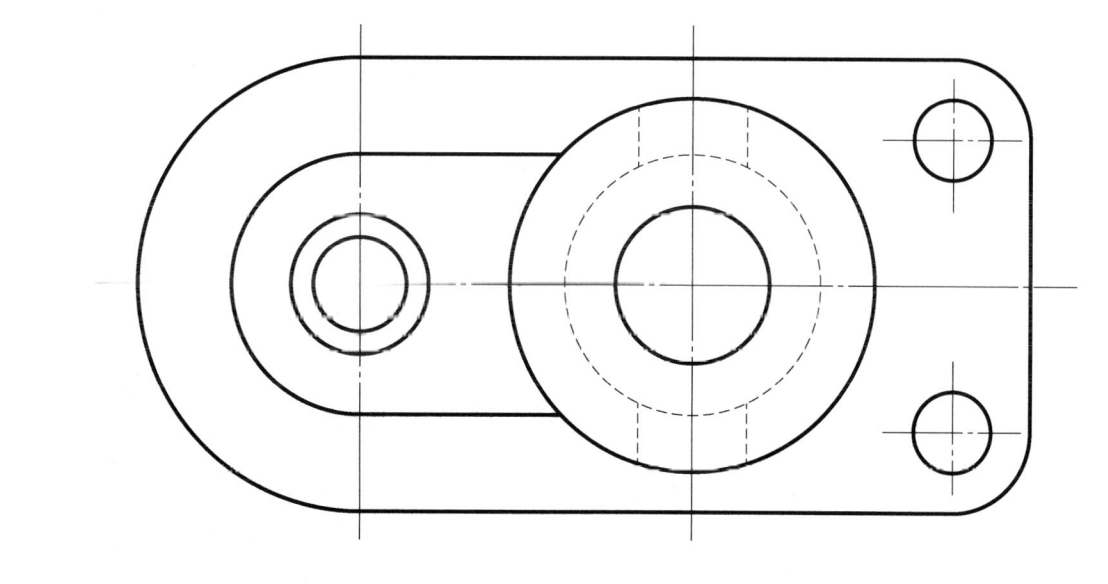

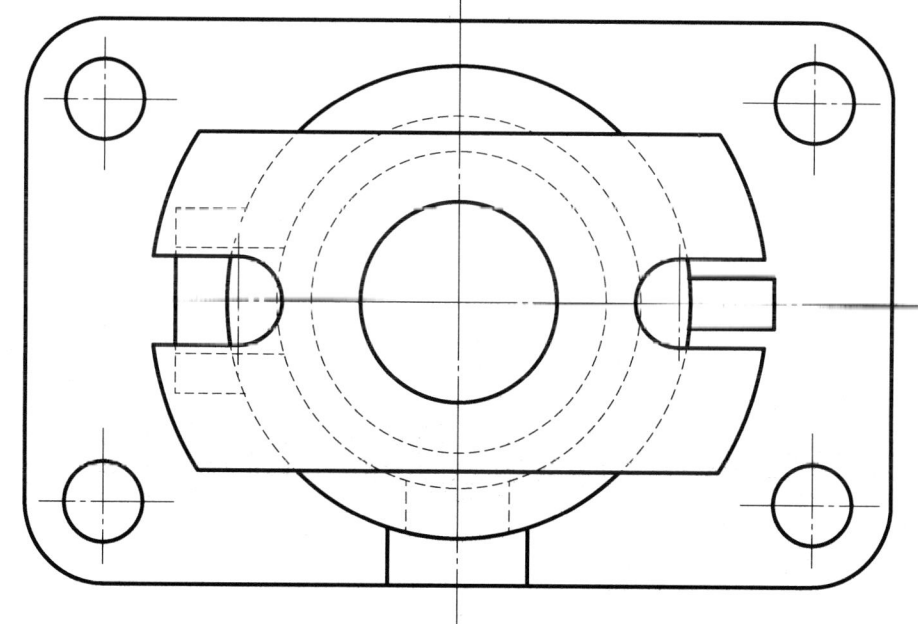

# 第2篇 机械制图实训

## 项目1 标准件与常用件

| 任务1 螺纹的规定画法与标记 | | 班级 | 姓名 | 学号 |
|---|---|---|---|---|

1. 填表说明下列螺纹标注代号的含义。

| 螺纹标注代号 | 螺纹种类 | 大径 | 螺距 | 导程 | 线数 | 旋向 | 公差代号 | 旋合长度 |
|---|---|---|---|---|---|---|---|---|
| M12-5h-S | | | | | | | | |
| M20×2-6H-LH | | | | | | | | |
| Tr22×10(p5)LH-7e-L | | | | | | | | |
| G1A | | | | | | | | |

2. 按给定的螺纹要素，在图中完成螺纹结构的标注。

（1）细牙普通螺纹，大径30，螺距2，单线，右旋，中径及顶径公差带代号7g，旋合长度S；

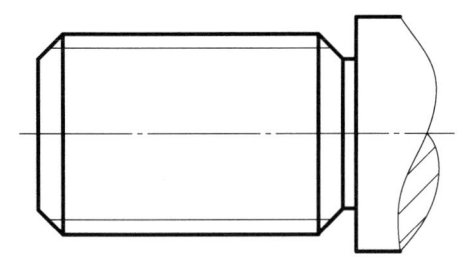

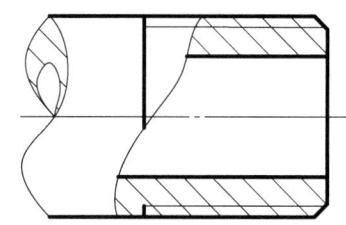

（2）非螺纹密封的管螺纹，尺寸代号7/8；

（3）梯形螺纹，大径24，导程6，双线螺纹，右旋，中径及顶径公差带代号7E，旋合长度L；

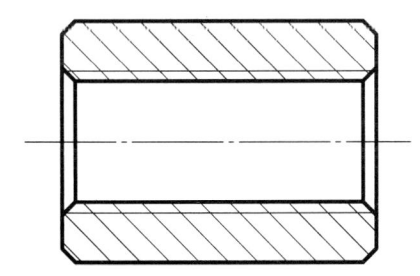

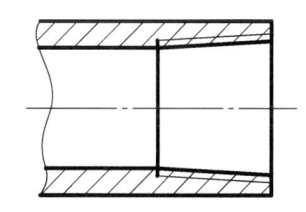

（4）螺纹密封的圆锥内管螺纹，尺寸代号为1/2，左旋。

3. 按要求完成外螺纹、内螺纹及其连接的画法。

（1）在直径为φ20的圆钢左端，制出一段大径为20，螺纹长度为40的粗牙普通螺纹，右旋，中径、顶径公差带代号均为7g。请完成该螺杆的两个视图，并标注螺纹尺寸（倒角为C2）。

（2）下图为某一零件的局部视图，在其左端制出一段粗牙普通螺纹的螺孔，大径为20，中径、顶径公差带代号均为7H，螺孔深度为30，钻孔深度为40，请完成螺孔的主视图（全剖）和左视图（不剖切），并标注螺孔尺寸（倒角为C2）。

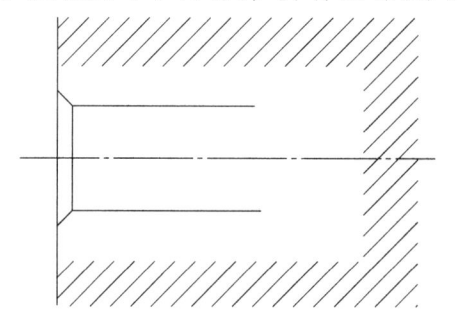

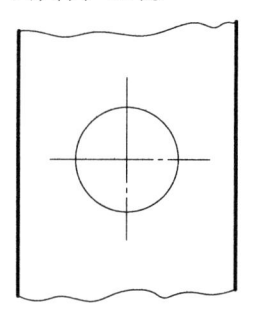

（3）将(1)题的螺杆旋入(2)题的螺孔中，螺杆旋入深度为20，请完成外螺纹和内螺纹连接的视图（主、左视图采用全剖视图）。

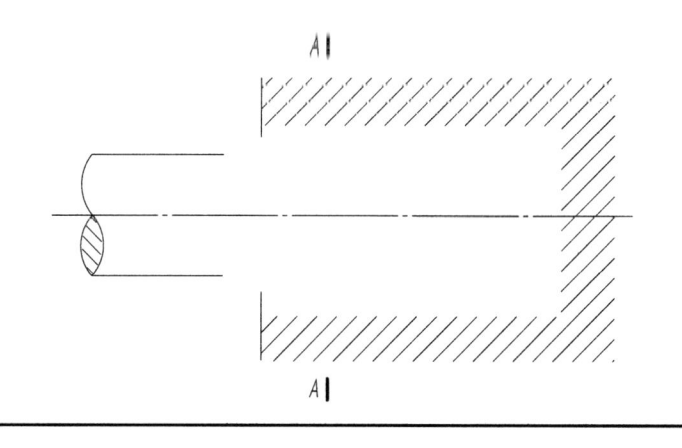

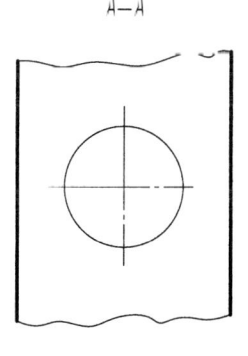

44

| 螺纹的规定画法与标记 | | 班级 | 姓名 | 学号 |
|---|---|---|---|---|

**4. 判断下列各图中尺寸标注是否正确（正确的画"√"，错误的画"×"）。**

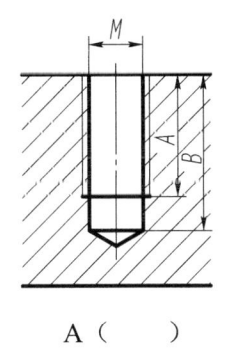

A（ 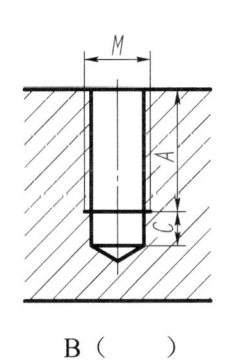　） B（ 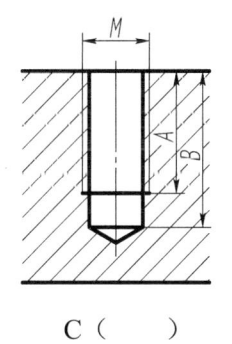　） C（ 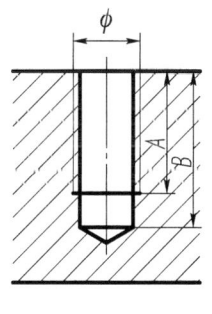　） D（　）

**5. 请判断下列各图画法的正误（正确的画"√"，错误的画"×"）。**

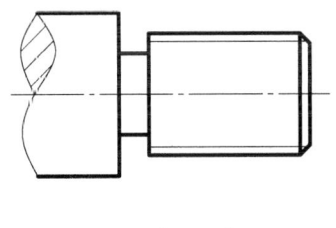

A（ 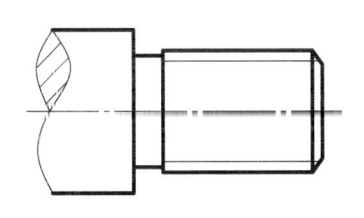　） B（ 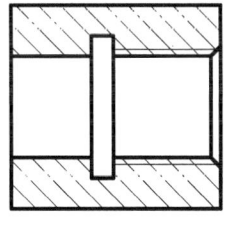　） C（ 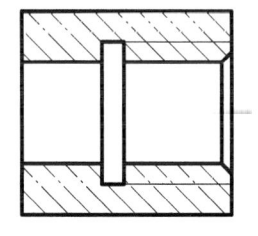　） D（　）

| 任务2 螺纹紧固件的规定画法与标记 | 班级 | 姓名 | 学号 |
|---|---|---|---|

1. 查表确定下列螺纹紧固件尺寸，在图中标注尺寸，并在下方写出螺纹紧固件的标记。

（1）A级六角头螺栓（GB/T 5782），$d$=M6，公称长度 $L$=30。

（2）A级1型六角头螺母（GB/T 6170），$d$=M10。

（3）A级倒角型平垫圈（GB/T 97.2），公称尺寸 $d$=10。

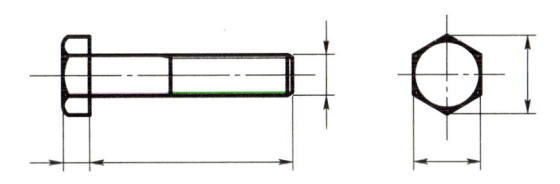

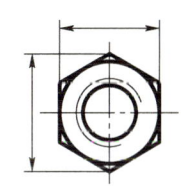

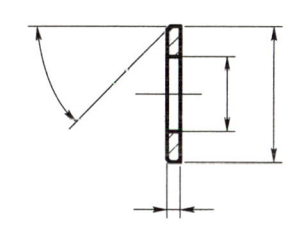

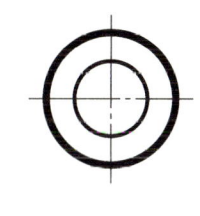

标记：_____

标记：_____

标记：_____

（4）A型双头螺柱（GB/T 897），$d$=M10，公称长度 $L$=30。

（5）开槽圆柱头螺钉（GB/T 65），$d$=M10，公称长度 $L$=25。

（6）圆柱销，公称直径 $d$=10，公差带代号为 m6，公称长度 $L$=40，材料为钢、不淬火。

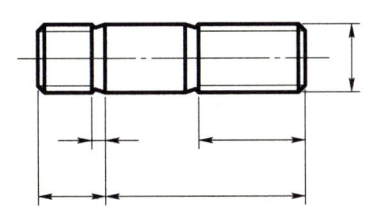

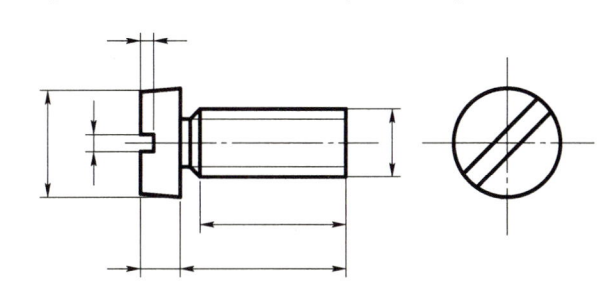

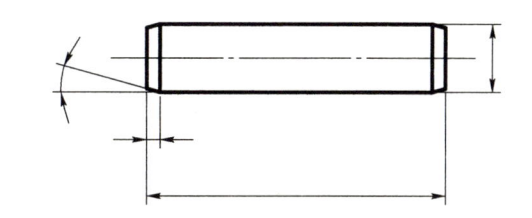

标记：_____

标记：_____

标记：_____

2. 采用比例画法，在A3图纸上绘制螺栓连接的装配图（主视图全剖，左视图不剖），并在图纸适当位置填写螺栓标记：

被连接零件厚 $\delta_1$=18，$\delta_2$=25；
螺栓 GB/T 5782 M16×7（计算 $l$ 长度，查表取标准值）
螺母 GB/T 6170 M16
垫圈 GB/T 97.1 16
螺栓标记：_____

3. 采用比例画法，在A3图纸上绘制双头螺柱连接的装配图（主视图全剖），并在图纸适当位置填写螺柱标记：

被连接的较薄零件厚 $\delta$=20，被连接较厚零件的材料为铸铁；
螺柱 GB/T 897 M16×7（计算 $l$ 长度，查表取标准值）
螺母 GB/T 6170 M16
垫圈 GB/T 93 16
螺柱标记：_____

4. 采用比例画法，在A3图纸上绘制螺钉连接的装配图（主视图全剖），并在图纸中适当位置填写螺钉标记：

被连接的较薄零件厚 $\delta$=15，被连接较厚零件的材料为钢；
螺钉 GB/T 68 M10×7（计算 $l$ 长度，查表取标准值）
螺钉标记：_____

任务3　键和销

班级　　　姓名　　　学号

1. 按规定画法完成下列各图。

（1）请根据轴的主视图，画出其A—A断面图，并标注键槽尺寸（查表确定）。

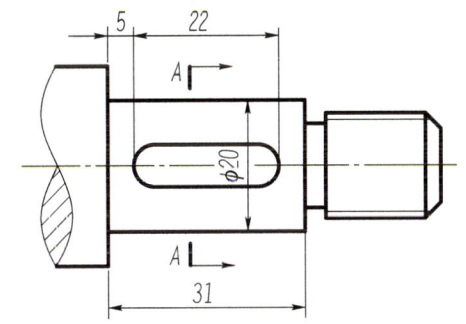

（2）下图为带有普通平键槽结构轮毂的部分视图，请将剖视图补充完整（键槽画在上部），绘制键槽的B向局部视图，并标注键槽尺寸（查表确定）。

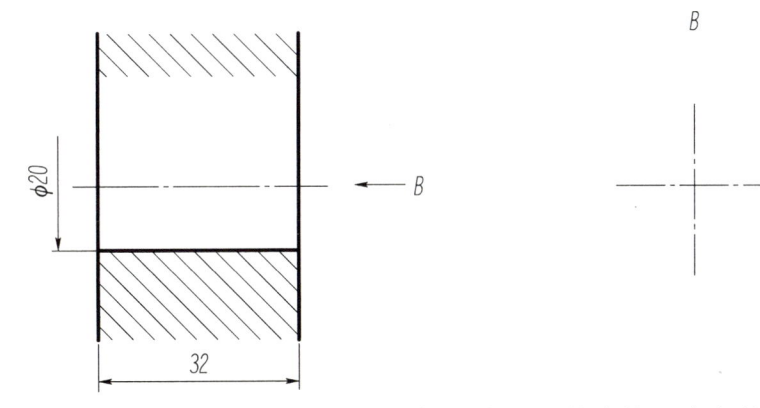

（3）将（1）图所示的轴、（2）图所示的轮毂用普通平键连接，放上垫圈拧紧螺母，补充完成该连接的装配图（键的位置在上部），并写出键的规定标记。

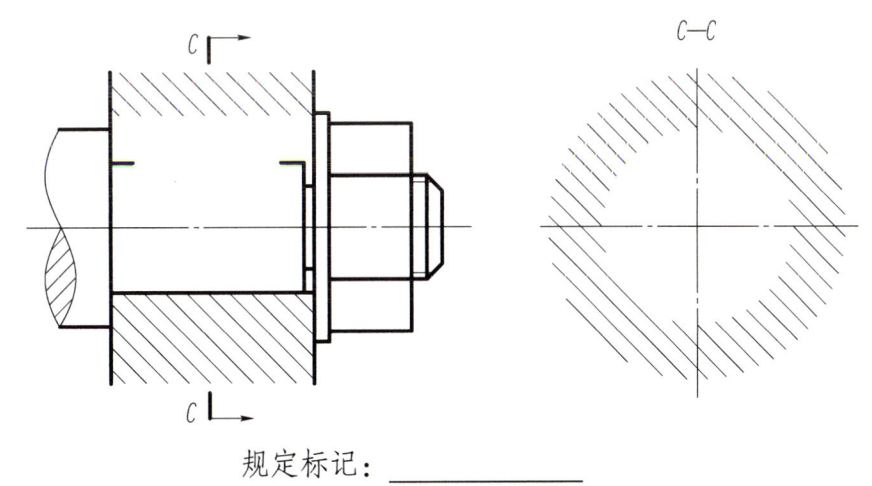

规定标记：_____

2. 按要求完成下列销连接的装配图：

（1）某机体与机盖用公称直径为 φ6 圆锥销定位，选取适当长度（查表取标准值，见教材附录），补充绘制销连接装配图并写出销的规定标记。

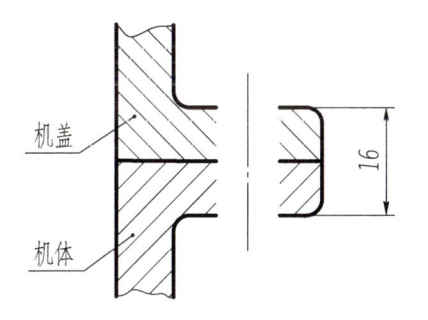

规定标记：_____

（2）某轴与齿轮采用直径 φ10m6 圆柱销连接，选取适当长度（查表取标准值），画出销连接的装配图，并写出销的规定标记。

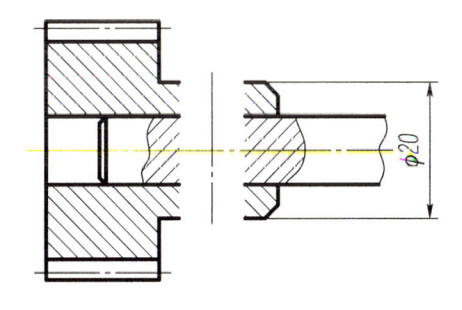

规定标记：_____

| 任务 4 滚动轴承、齿轮、弹簧 | 班级　　　姓名　　　学号 |

1. 分别用规定画法和通用画法画出下列滚动轴承：
（1）深沟球轴承 6202　　　　（2）圆锥滚子轴承 30208
　　规定画法：　　通用画法：　　规定画法：　　通用画法：

2. 圆柱螺旋弹簧的外径为 $\phi 32$，总圈数为 8.5，支承圈数为 2，节距为 12，钢丝直径为 $\phi 8$，右旋。请完成以下任务：
（1）计算弹簧的自由高度；（2）画出弹簧的剖视图并标注尺寸。

3. 已知一对啮合齿轮，大齿轮的模数 $m=3$，其齿数 $Z_1=22$，中心距 $A=57$。
（1）请计算两个齿轮的分度圆、齿顶圆、齿根圆的直径；
（2）按 1∶1 比例补画完成两直齿圆柱齿轮啮合的视图（主视图全剖，齿顶圆端面倒角 C2）。

$d_1=$_____；$d_2=$_____；$d_{a1}=$_____；$d_{f1}=$_____；$d_{a2}=$_____；$d_{f2}=$_____；

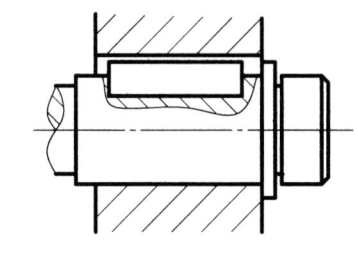

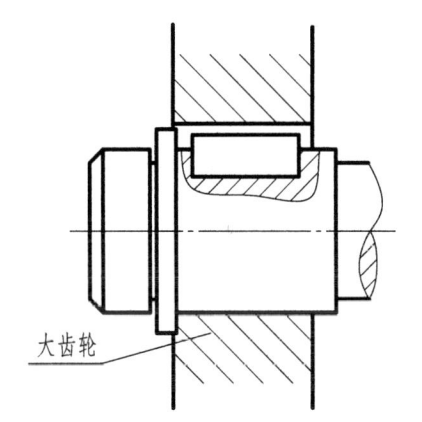

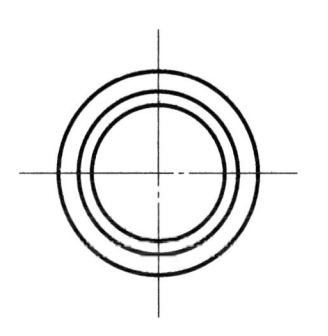

大齿轮

# 项目 2 　零件图

| 任务 1　由轴测图（模型或实物）画零件图 | 班级 | 姓名 | 学号 |

1. 如图所示为一轴类零件的轴测图。选择适当的表达方案，画出零件图。

提示：螺纹倒角、退刀槽、越程槽和键槽等尺寸查表（见教材附录）确定；该零件全部表面为机械加工所得，可在教师指导下标注表面粗糙度。图幅、比例自选；图名：轴；材料：45；图号：02-01。

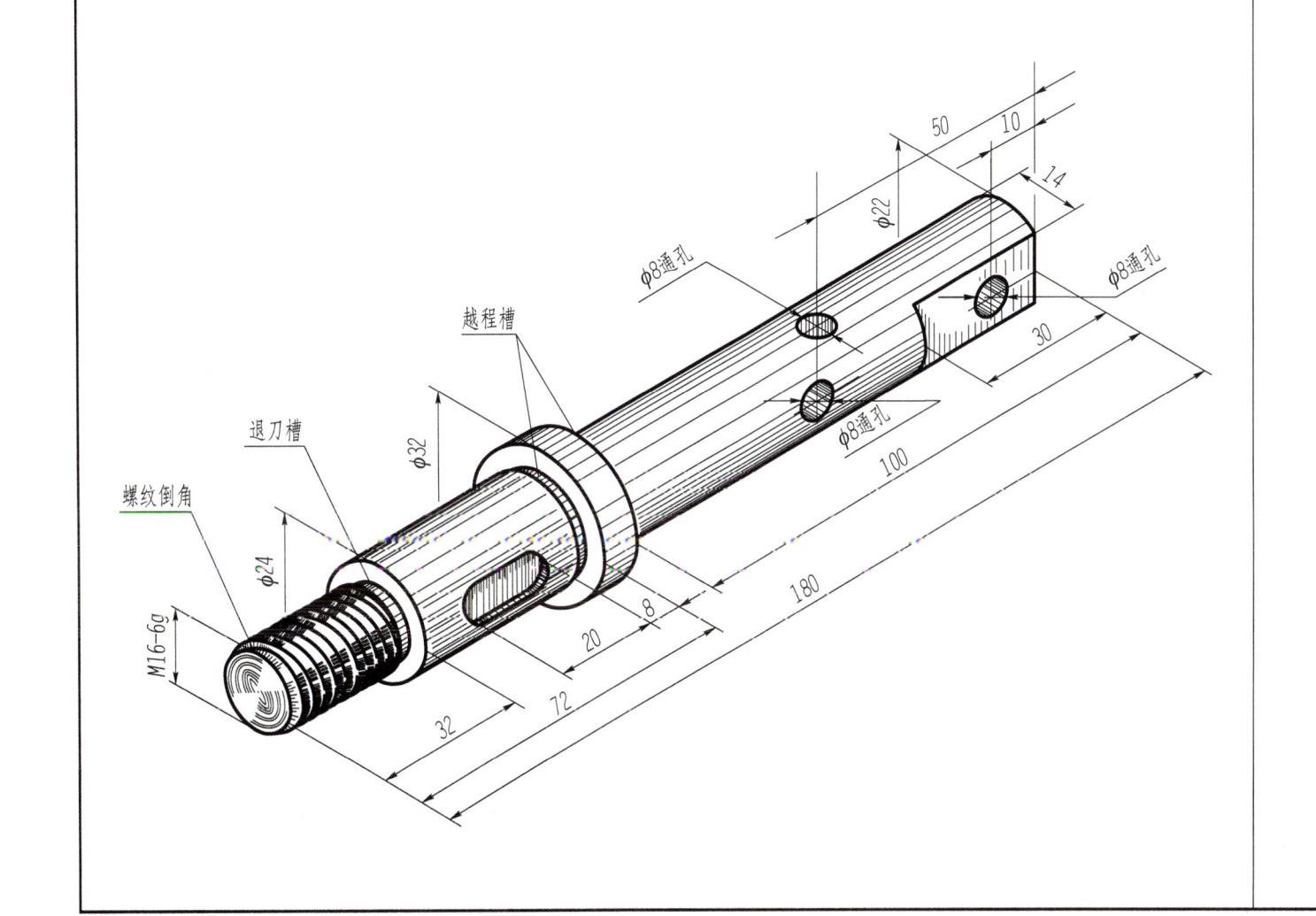

2. 如图所示为一轴套零件的轴测图。选择适当表达方案，画出零件图。

提示：该零件由铸造毛坯经机械加工制造，未注铸造圆角为 R2～R4；$\phi$36、$\phi$10、$\phi$8 圆柱面和前、后端面为加工面，其余表面不加工。图幅、比例自选；图名：轴套；材料：HT200；图号：02-02。

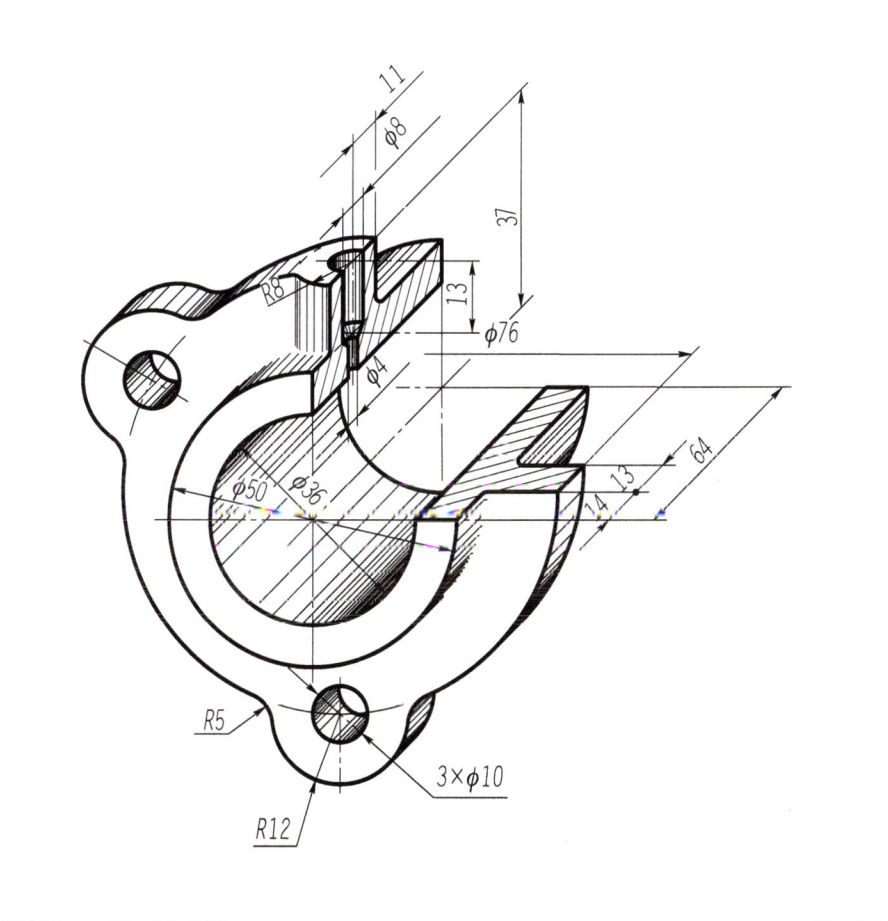

| 由轴测图（模型或实物）画零件图 | 班级 | 姓名 | 学号 |

3．如图所示为一阀体零件的轴测剖视图。选择适当的表达方案，画出零件图。

提示：该零件由铸造毛坯经机械加工制造，未注铸造圆角为 R3~R5；上下两个 φ20 孔、上下端面及凸台、左侧端面、10 个 φ9 安装孔为加工面，其余表面不加工。图幅、比例自选；图名：阀体；材料：HT150；图号：02-03。

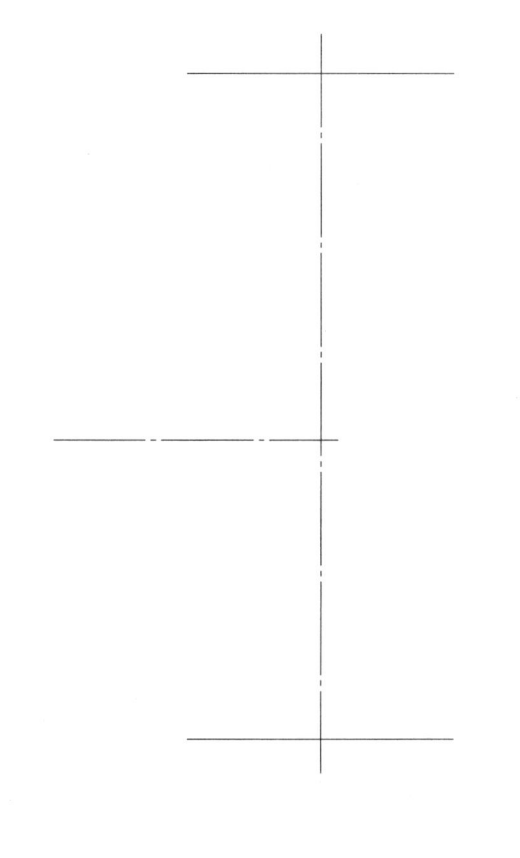

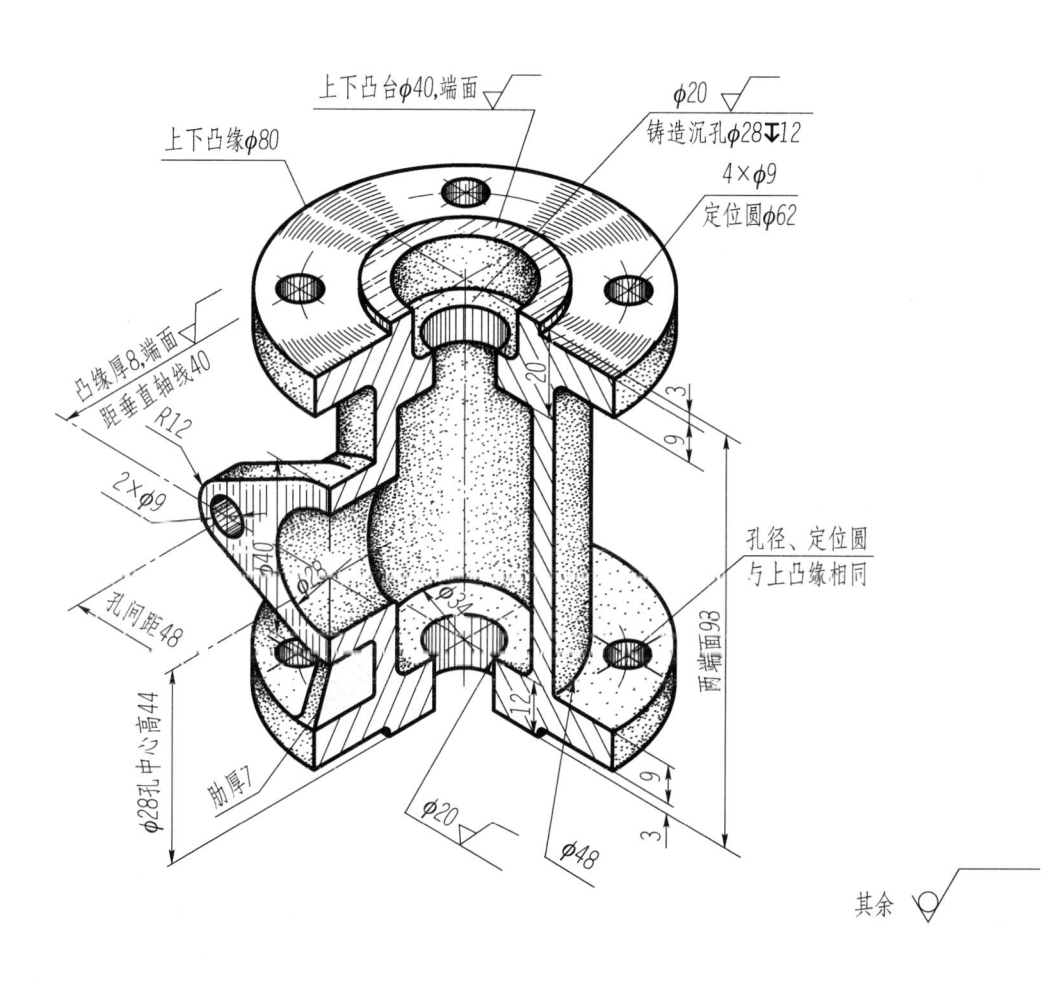

任务2　识读零件图

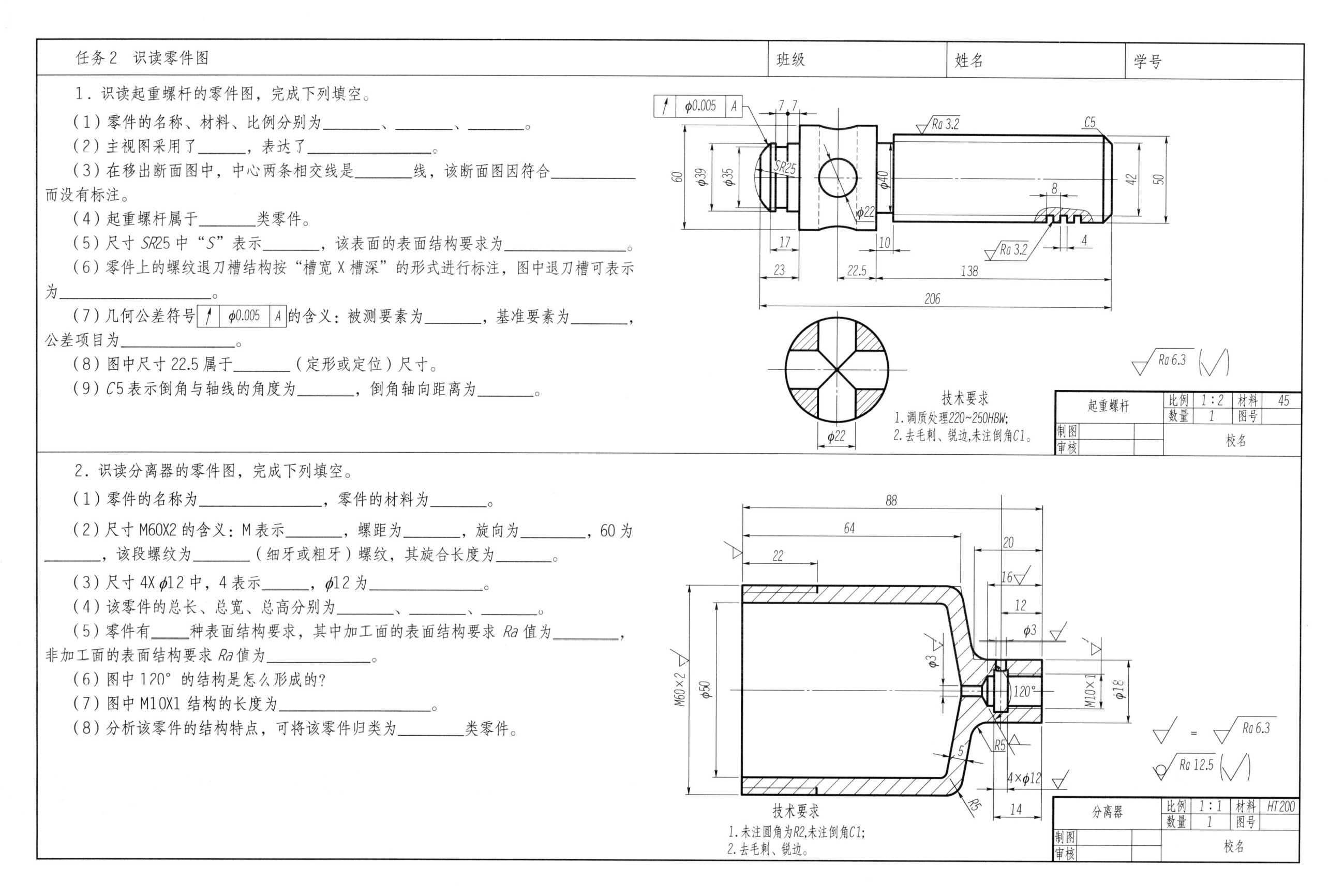

1．识读起重螺杆的零件图，完成下列填空。
（1）零件的名称、材料、比例分别为＿＿＿＿、＿＿＿＿、＿＿＿＿。
（2）主视图采用了＿＿＿＿，表达了＿＿＿＿＿＿＿＿。
（3）在移出断面图中，中心两条相交线是＿＿＿＿线，该断面图因符合＿＿＿＿＿＿而没有标注。
（4）起重螺杆属于＿＿＿＿类零件。
（5）尺寸SR25中"S"表示＿＿＿＿，该表面的表面结构要求为＿＿＿＿。
（6）零件上的螺纹退刀槽结构按"槽宽×槽深"的形式进行标注，图中退刀槽可表示为＿＿＿＿。
（7）几何公差符号 $\perp$ $\phi 0.005$ A 的含义：被测要素为＿＿＿＿，基准要素为＿＿＿＿，公差项目为＿＿＿＿。
（8）图中尺寸22.5属于＿＿＿＿（定形或定位）尺寸。
（9）C5表示倒角与轴线的角度为＿＿＿＿，倒角轴向距离为＿＿＿＿。

2．识读分离器的零件图，完成下列填空。
（1）零件的名称为＿＿＿＿＿＿＿＿，零件的材料为＿＿＿＿。
（2）尺寸M60×2的含义：M表示＿＿＿＿，螺距为＿＿＿＿，旋向为＿＿＿＿，60为＿＿＿＿，该段螺纹为＿＿＿＿（细牙或粗牙）螺纹，其旋合长度为＿＿＿＿。
（3）尺寸4×$\phi$12中，4表示＿＿＿＿，$\phi$12为＿＿＿＿＿＿＿＿。
（4）该零件的总长、总宽、总高分别为＿＿＿＿、＿＿＿＿、＿＿＿＿。
（5）零件有＿＿＿种表面结构要求，其中加工面的表面结构要求Ra值为＿＿＿＿，非加工面的表面结构要求Ra值为＿＿＿＿。
（6）图中120°的结构是怎么形成的？
（7）图中M10×1结构的长度为＿＿＿＿。
（8）分析该零件的结构特点，可将该零件归类为＿＿＿＿类零件。

| 识读零件图 | 班级 | 姓名 | 学号 |

3. 识读右端盖的零件图，完成下列填空。

（1）零件的名称、材料、比例分别为_____、_____、_____。

（2）主视图采用剖视图的种类_____，采用的剖切方法_____。

（3）该零件属于_____类零件。

（4）尺寸 $\phi 20H7$ 中的"H"表示_____，基本尺寸为_____，下极限偏差等于_____，标准公差（公差等级）_____，上极限偏差为_____，该表面的表面结构要素为_____。

（5）几何公差符号 ∥ 0.01 A 的含义：被测要素为_____，基准要素为_____，公差项目为_____。

（6）俯视图尺寸 R22 属于_____（定形或定位）尺寸，销孔 2×$\phi$5 的定形尺寸为_____，定位尺寸为_____。

（7）C1.5 表示倒角与轴线的角度为_____，倒角轴向距离为_____。

（8）尺寸 M27×1.5 含义：M 表示_____，螺距为_____，旋向为_____，6g 为_____，该段螺纹为_____（细牙或粗牙）螺纹，其旋合长度为_____。

技术要求
1. 铸件应经时效处理；
2. 未注圆角 R1~R3。

| 设计 | （日期） | HT150 | （校名） |
| 制图 | | | |
| 校核 | | 比例 1:1 | 右端盖 |
| 班级 | | 共 张 第 张 | （图样代号） |

| 识读零件图 | | 班级 | 姓名 | 学号 |
|---|---|---|---|---|

4．读懂零件图，完成下列填空，并补画右视图。

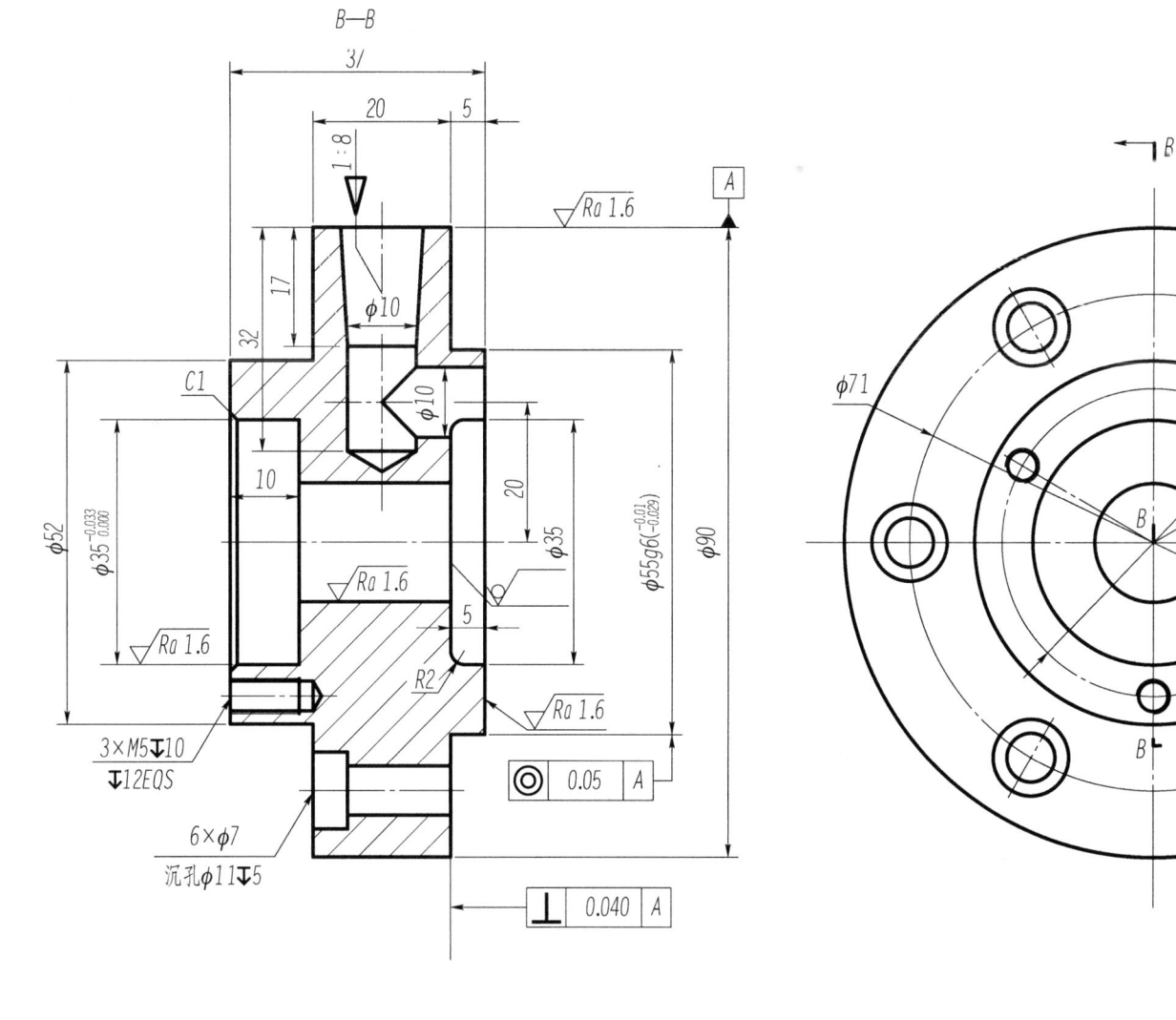

(1) 该零件属于_____类零件，材料为_____，绘图比例为_____。
(2) 该零件采用了____个基本视图，主视图采用了_____剖视，它的剖切位置在_____视图注明，剖切面的种类为_____。
(3) 在图中标出三个方向的主要尺寸基准（用箭头线指明引出标注）。
(4) φ55g6 公称尺寸为_____，基本偏差代号为_____，标准公差（公差等级）为_____。
(5) 几何公差符号 ⊥ 0.040 A 的含义：被测要素为_____，基准要素为_____，公差项目为_____。
(6) 符号 ◁ 代表_____，端盖大多数表面的表面粗糙度数值为_____。
(7) 说明符号的含义：$\frac{3×M5↧10}{↧12EQS}$ 中 M5 代表_____，数字 10 表示_____，数字 12 表示_____，EQS 的含义为_____，符号 ↧ 的含义为_____。
(8) 补画右视图。

| 设计 | | (日期) | HT200 | (校名) |
|---|---|---|---|---|
| 制图 | | | | |
| 校核 | | | 比例 1:1 | 端盖 |
| 班级 | | | 共 张 第 张 | (图样代号) |

| 识读零件图 | 班级 | 姓名 | 学号 |

5. 读懂零件图，完成下列填空。

（1）零件的名称、材料、比例分别为_____、_____、_____。

（2）主视图采用剖视图的种类_____，采用的剖切方法_____。

（3）该零件属于_____类零件。

（4）尺寸 $\phi 20^{+0.033}_{\ \ 0}$ 中 $\phi 20$ 表示_____，标准公差等级为_____，基本偏差为_____，公差代号_____。

（5）几何公差符号 ⊥ | 0.05 | B 的含义：被测要素为_____，基准要素为_____，公差项目为_____。

（6）左视图尺寸 90° 属于_____（定形或定位）尺寸，锥销孔 $\phi 3$ 的定形尺寸为_____，定位尺寸分别为_____、_____。

（7）C1 表示_____结构，数字 1 表示_____距离。

（8）零件的总高为_____mm，总长为_____mm，总宽为_____mm；指出高度方向和宽度方向的尺寸基准。

（9）不加工表面的铸造圆角为_____，表面粗糙度的数字为_____。

（10）符号 √Ra 12.5 的含义为_____。

技术要求
未注圆角R3。

| 设计 | | （日期） | HT200 | （校名） |
| 制图 | | | | |
| 校核 | | | 比例 | 1:1 | 拨叉 |
| 班级 | | | 共 张 第 张 | （图样代号） |

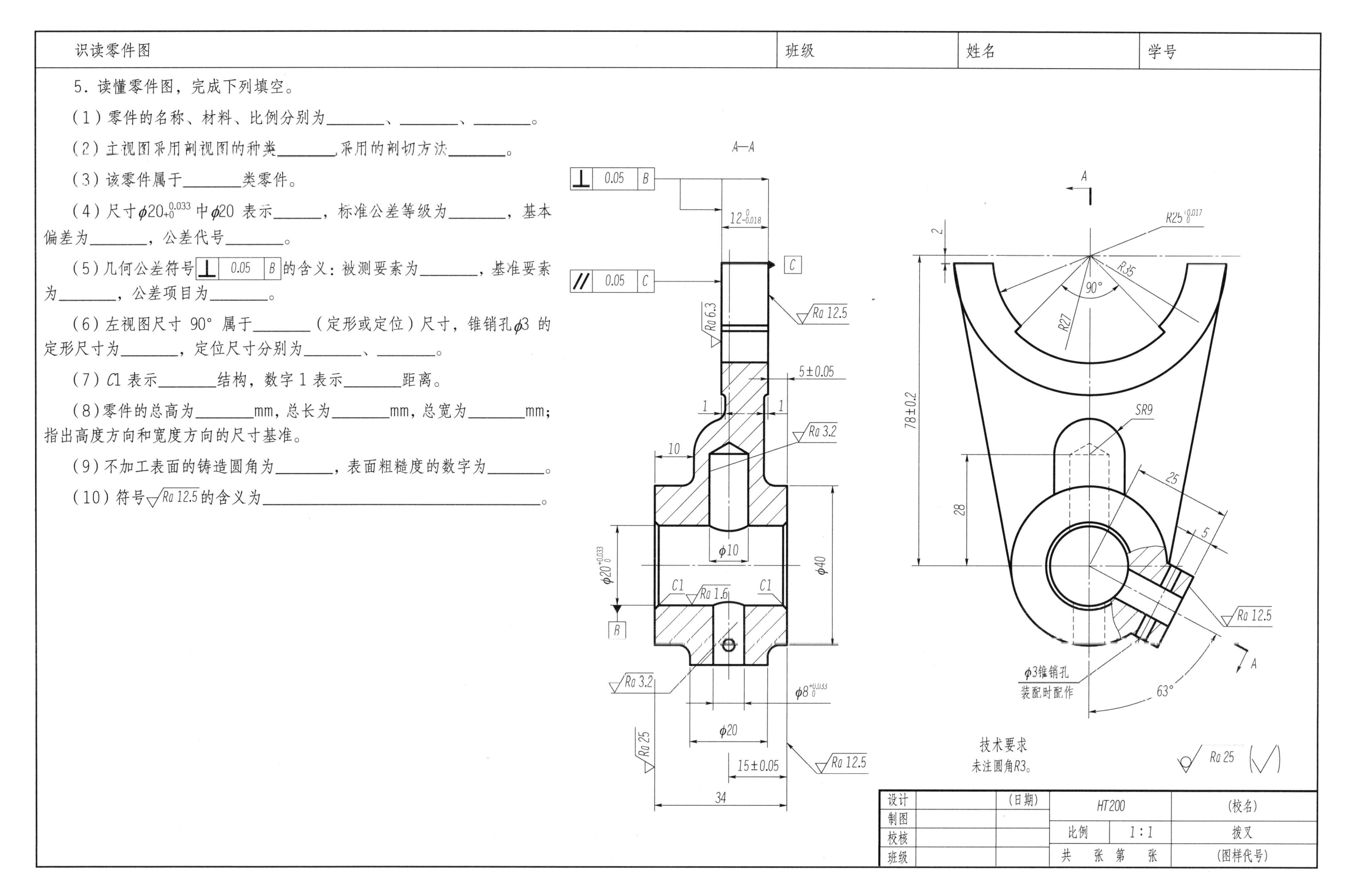

| 识读零件图 | 班级 | 姓名 | 学号 |

6. 读懂零件图，完成下列填空。

（1）零件的名称、材料、比例分别为_____、_____、_____。

（2）主视图采用剖视图的种类为_____，左视图采用剖视图的种类为_____。

（3）该零件属于_____类零件，视图 A 是_____视图。

（4）尺寸 $38\pm0.025$ 是_____（定形或定位）尺寸，公差为_____，上、下极限偏差_____。

（5）将主视图中内螺纹退刀槽的尺寸标注在图形中。

（6）零件的总高为_____mm，总长为_____mm，总宽为_____mm；指出高度方向和宽度方向的尺寸基准。

（7）不加工表面的铸造圆角为_____，表面粗糙度的数值为_____。

（8）符号 $\sqrt{Ramax\ 12.5}$ 的含义为_____。

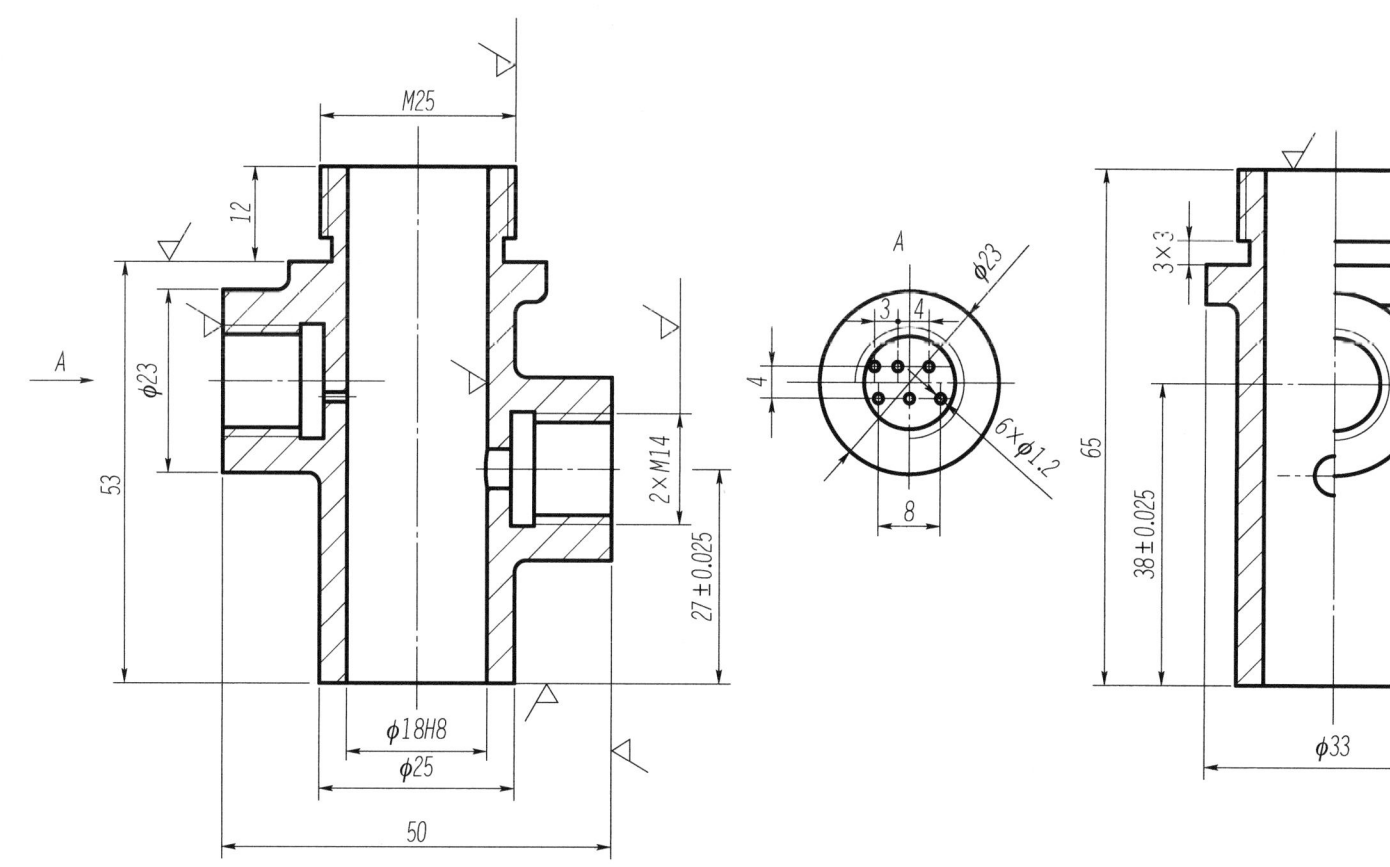

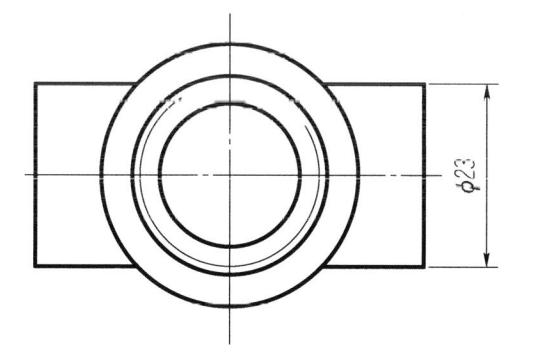

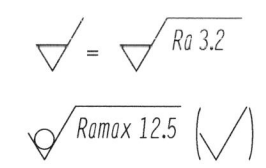

技术要求
未注圆角为R2。

| 设计 | （日期） | HT200 | （校名） |
| 制图 | | | |
| 校核 | | 比例 | 1:1 | 阀体 |
| 班级 | | 共 张 第 张 | （图样代号） |

# 项目3 装配图

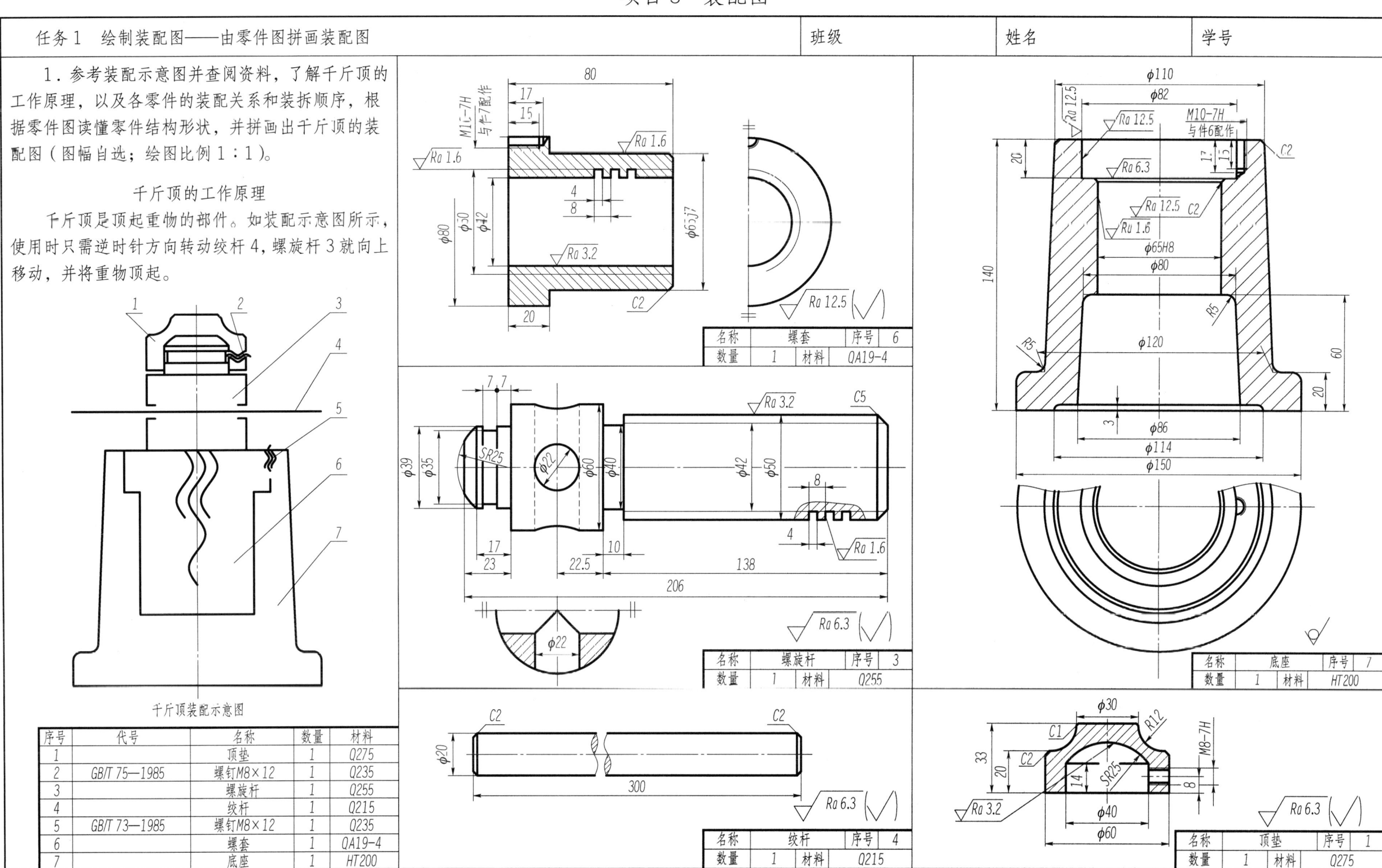

## 任务1 绘制装配图——由零件图拼画装配图

班级　　姓名　　学号

1. 参考装配示意图并查阅资料，了解千斤顶的工作原理，以及各零件的装配关系和装拆顺序，根据零件图读懂零件结构形状，并拼画出千斤顶的装配图（图幅自选；绘图比例1:1）。

千斤顶的工作原理

千斤顶是顶起重物的部件。如装配示意图所示，使用时只需逆时针方向转动绞杆4，螺旋杆3就向上移动，并将重物顶起。

千斤顶装配示意图

| 序号 | 代号 | 名称 | 数量 | 材料 |
|---|---|---|---|---|
| 1 | | 顶垫 | 1 | Q275 |
| 2 | GB/T 75—1985 | 螺钉M8×12 | 1 | Q235 |
| 3 | | 螺旋杆 | 1 | Q255 |
| 4 | | 绞杆 | 1 | Q215 |
| 5 | GB/T 73—1985 | 螺钉M8×12 | 1 | Q235 |
| 6 | | 螺套 | 1 | QA19-4 |
| 7 | | 底座 | 1 | HT200 |

| 名称 | 螺套 | 序号 | 6 |
|---|---|---|---|
| 数量 | 1 | 材料 | QA19-4 |

| 名称 | 螺旋杆 | 序号 | 3 |
|---|---|---|---|
| 数量 | 1 | 材料 | Q255 |

| 名称 | 绞杆 | 序号 | 4 |
|---|---|---|---|
| 数量 | 1 | 材料 | Q215 |

| 名称 | 底座 | 序号 | 7 |
|---|---|---|---|
| 数量 | 1 | 材料 | HT200 |

| 名称 | 顶垫 | 序号 | 1 |
|---|---|---|---|
| 数量 | 1 | 材料 | Q275 |

| 绘制装配图——由零件图拼画装配图 | 班级 | 姓名 | 学号 |

2. 参考回油阀装配示意图并查阅资料，了解其工作原理及各零件的装配关系。根据零件图读懂零件结构形状，绘制回油阀装配图，图幅选用 A3 图纸，绘图比例自定。

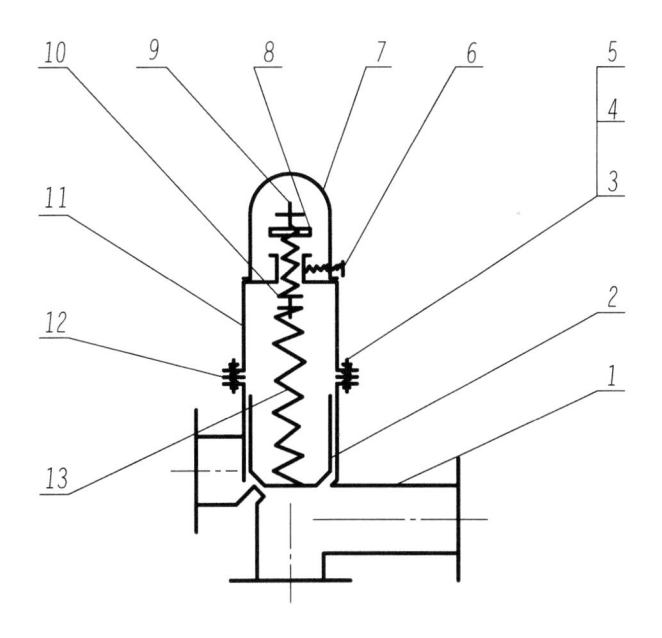

### 回油阀的工作原理

回油阀是供油管路的控制部件，由 13 种零件组成（详见装配示意图与明细栏）。在正常工作时，阀芯 2 靠弹簧 13 的压力处于关闭位置，此时油从阀体 1 右孔流入，经阀体下部的孔进入导管。当导管中油压增高超过弹簧压力时，阀芯被顶开，油通过阀体左端孔经另一导管流回油箱，以保证管路的安全。通过调节螺杆 9 来控制弹簧的压力大小。为了防止螺杆松动，在螺杆上部用螺母 8 拧紧。罩子 7 起到保护螺杆的作用。阀芯两侧有小圆孔，其作用是使进入阀芯内腔的油流出来。阀芯的内腔底部有螺纹孔，方便拆卸零件。阀体与阀盖 11 采用 4 个螺柱连接，中间有垫片 12，以防漏油。

回油阀装配示意图

| 13 |  | 弹簧 | 1 | 65Mn |  |  |  |
|---|---|---|---|---|---|---|---|
| 12 |  | 垫片 | 1 | 纸板 |  |  |  |
| 11 |  | 阀盖 | 1 | ZL102 |  |  |  |
| 10 |  | 弹簧垫 | 1 | H62 |  |  |  |
| 9 |  | 螺杆 | 1 | 35 |  |  |  |
| 8 | GB/T 6170 | 螺母M16 | 1 |  |  |  |  |
| 7 |  | 罩子 | 1 | ZL102 |  |  |  |
| 6 | GB/T 75 | 螺钉M6×16 | 1 |  |  |  |  |
| 5 | GB/T 97.1 | 垫圈12 | 4 |  |  |  |  |
| 4 | GB/T 6170 | 螺母M12 | 4 |  |  |  |  |
| 3 | GB/T 899 | 螺柱M12×35 | 4 |  |  |  |  |
| 2 |  | 阀芯 | 1 | I62 |  |  |  |
| 1 |  | 阀体 | 1 | ZL102 |  |  |  |
| 序号 | 代号 | 名称 | 数量 | 材料 | 单件 | 总计 | 备注 |
|  |  |  |  |  | 重置 |  |  |
| 设计 |  |  |  |  |  |  |  |
| 制图 |  |  |  | 比例 | 1:1 | 回油阀 |  |
| 校核 |  |  |  |  |  |  |  |
| 班级 |  |  |  | 共 张 第 张 |  |  |  |

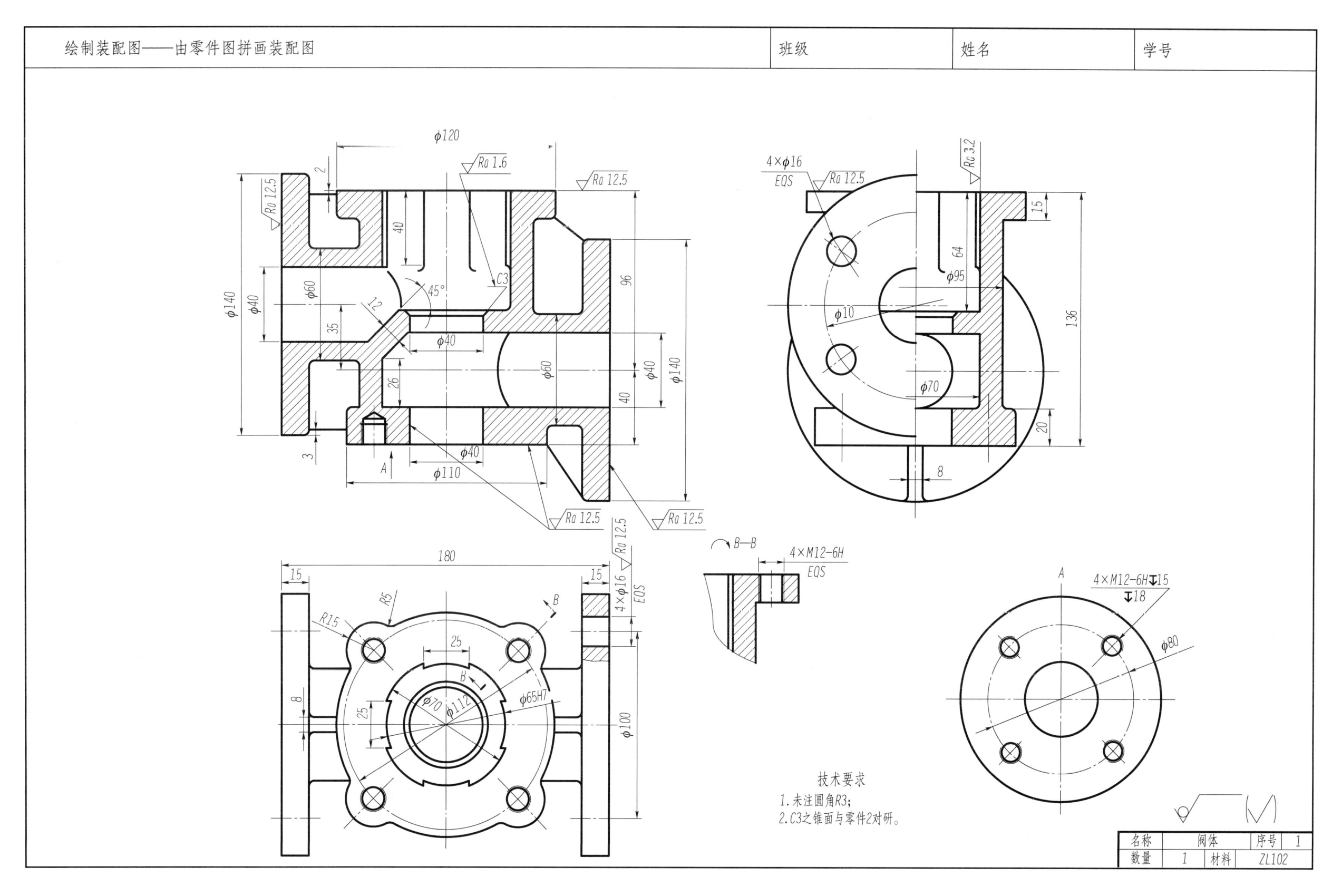

| 绘制装配图——由零件图拼画装配图 | 班级 | 姓名 | 学号 |

技术要求
1. 未注圆角R3；
2. C3之锥面与零件2对研。

| 名称 | 阀体 | 序号 | 1 |
|---|---|---|---|
| 数量 | 1 | 材料 | ZL102 |

绘制装配图——由零件图拼画装配图

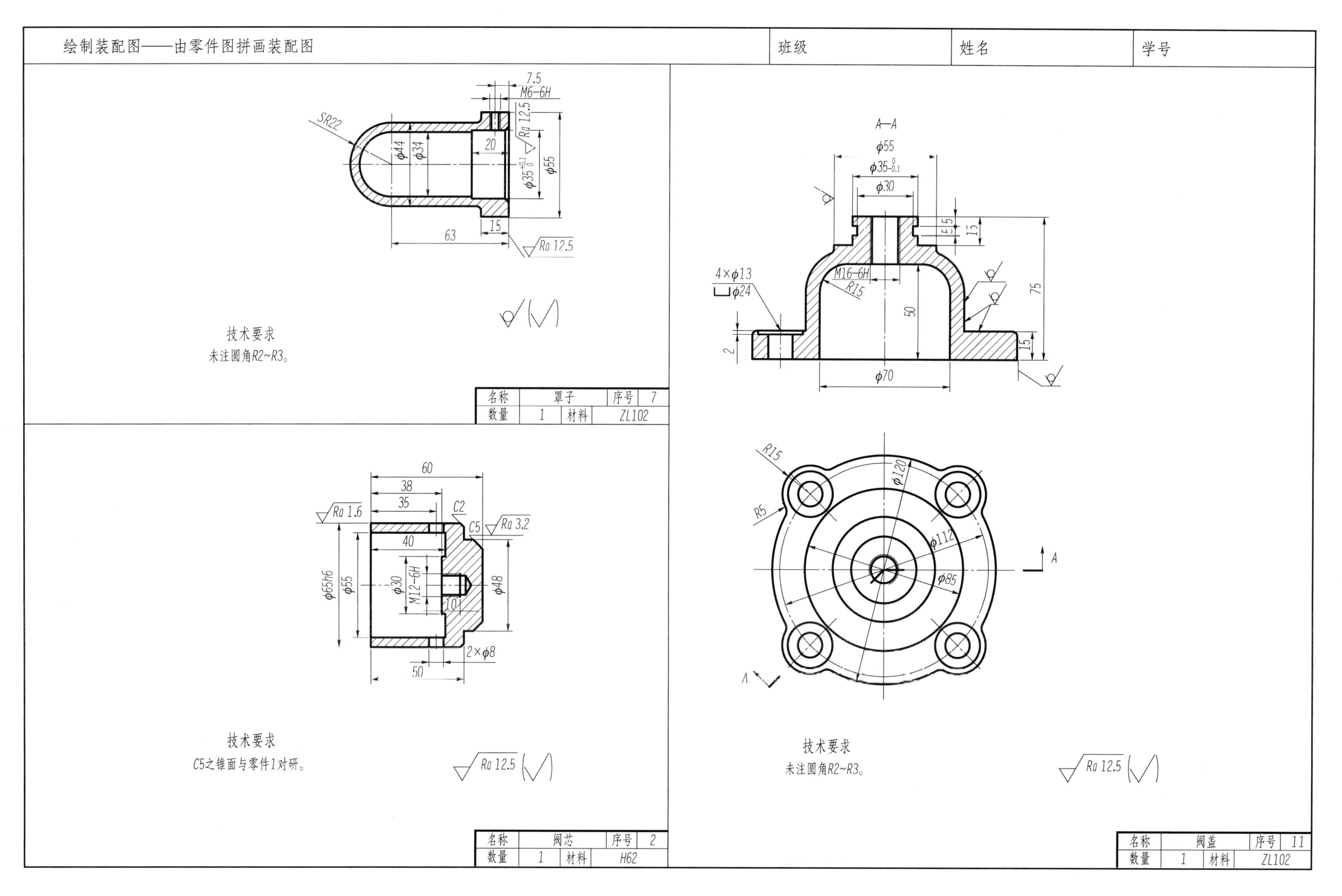

| 班级 | 姓名 | 学号 |

技术要求
未注圆角R2~R3。

| 名称 | 罩子 | 序号 | 7 |
| 数量 | 1 | 材料 | ZL102 |

技术要求
C5之锥面与零件1对研。

| 名称 | 阀芯 | 序号 | 2 |
| 数量 | 1 | 材料 | H62 |

A—A

技术要求
未注圆角R2~R3。

| 名称 | 阀盖 | 序号 | 11 |
| 数量 | 1 | 材料 | ZL102 |

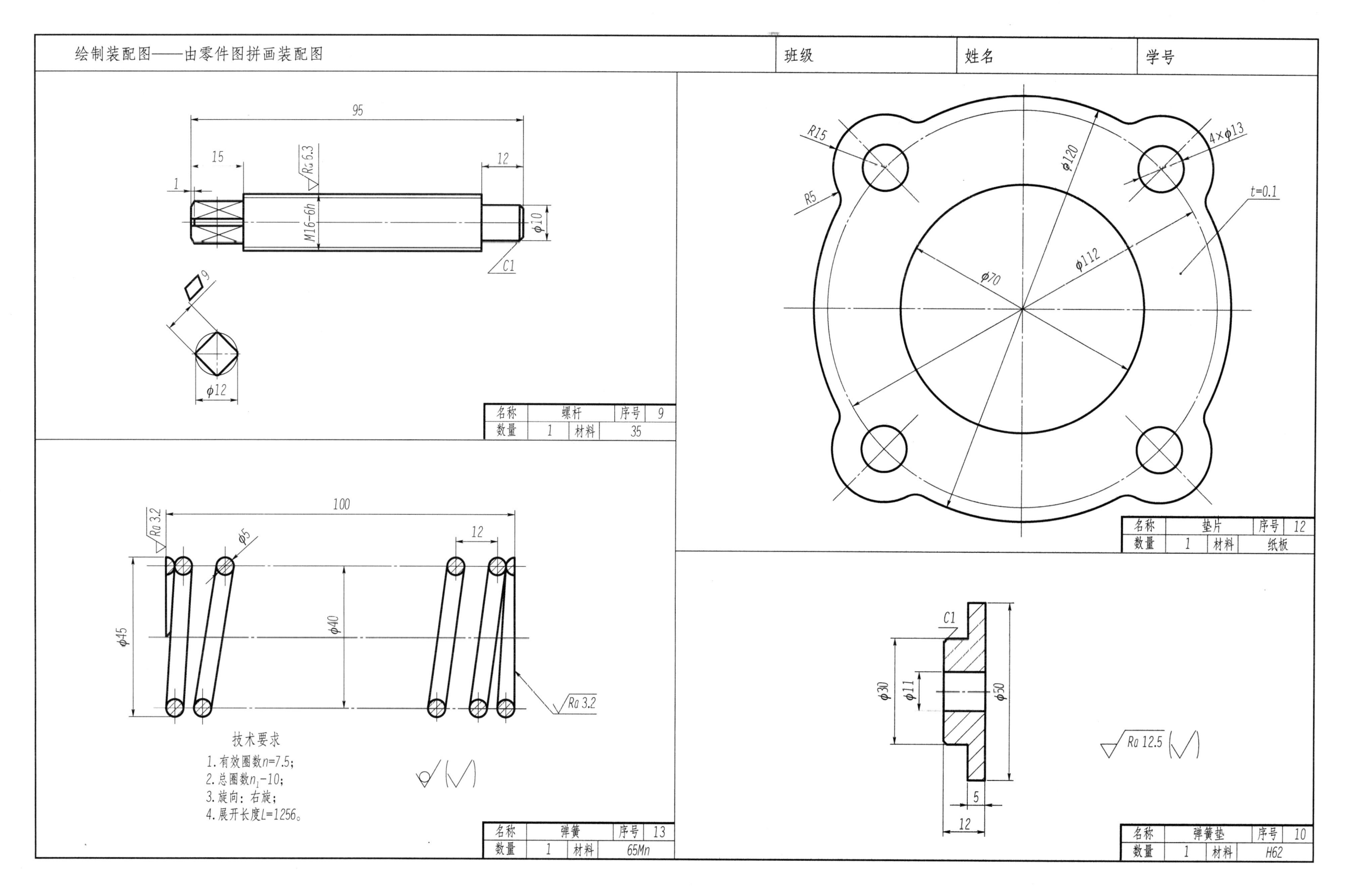

绘制装配图——由零件图拼画装配图 | 班级 | 姓名 | 学号

95

15

$\sqrt{Rz\,6.3}$

1

$M16\text{-}6h$

$\phi10$

12

C1

9

$\phi12$

| 名称 | 螺杆 | | 序号 | 9 |
|---|---|---|---|---|
| 数量 | 1 | 材料 | | 35 |

R15

R5

$\phi120$

$4\times\phi13$

$\phi70$

$\phi112$

t=0.1

| 名称 | 垫片 | | 序号 | 12 |
|---|---|---|---|---|
| 数量 | 1 | 材料 | | 纸板 |

$\sqrt{Ra\,3.2}$

100

12

$\phi5$

$\phi45$

$\phi40$

$\sqrt{Ra\,3.2}$

技术要求
1. 有效圈数n=7.5;
2. 总圈数$n_1$=10;
3. 旋向:右旋;
4. 展开长度L=1256。

$\sqrt{\quad}(\sqrt{\ })$

| 名称 | 弹簧 | | 序号 | 13 |
|---|---|---|---|---|
| 数量 | 1 | 材料 | | 65Mn |

C1

$\phi30$

$\phi11$

$\phi50$

5

12

$\sqrt{Ra\,12.5}(\sqrt{\ })$

| 名称 | 弹簧垫 | | 序号 | 10 |
|---|---|---|---|---|
| 数量 | 1 | 材料 | | H62 |

60

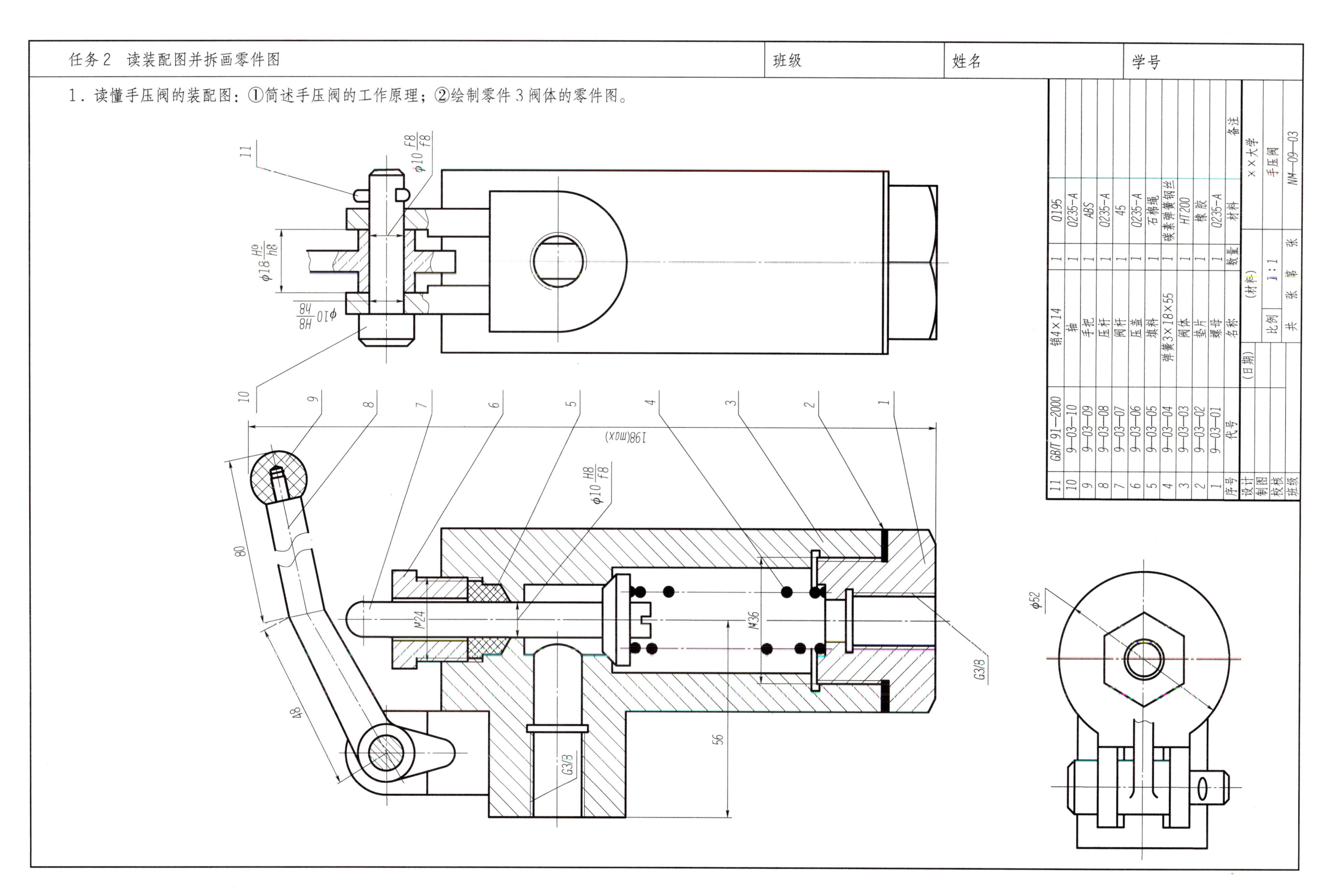

| 任务2 读装配图并拆画零件图 | 班级 | 姓名 | 学号 |

1. 读懂手压阀的装配图：①简述手压阀的工作原理；②绘制零件3阀体的零件图。

| 11 | GB/T 91—2000 | 销4×14 | 1 | Q195 | |
| --- | --- | --- | --- | --- | --- |
| 10 | 9-03-10 | 轴 | 1 | Q235-A | |
| 9 | 9-03-09 | 手把 | 1 | ABS | |
| 8 | 9-03-08 | 压杆 | 1 | Q235-A | |
| 7 | 9-03-07 | 阀杆 | 1 | 45 | |
| 6 | 9-03-06 | 压盖 | 1 | Q235-A | |
| 5 | 9-03-05 | 填料 | 1 | 石棉绳 | |
| 4 | 9-03-04 | 弹簧3×18×55 | 1 | 碳素弹簧钢丝 | |
| 3 | 9-03-03 | 阀体 | 1 | HT200 | |
| 2 | 9-03-02 | 垫片 | 1 | 橡胶 | |
| 1 | 9-03-01 | 螺母 | 1 | Q235-A | |
| 序号 | 代号 | 名称 | 数量 | 材料 | 备注 |

| 设计 |  | (日期) | 比例 | 1:1 | ××大学 手压阀 | NM-09-03 |
| --- | --- | --- | --- | --- | --- | --- |
| 制图 |  |  | 共 张 第 张 | | | |
| 检校 |  |  | | | | |
| 班级 |  |  | | | | |

| 读装配图并拆画零件图 | 班级 | 姓名 | 学号 |

### 机用虎钳的工作原理

机用虎钳是常用的一种夹具，其作用是将零件夹紧，以便加工。当用扳手转动螺杆 8 时，螺杆带动方形螺母 9 运动，进而使活动钳身 4 沿固定钳身做直线运动。方形螺母与活动钳身采用螺钉 3 连接。通过钳身的运动使固定钳身与活动钳身上的钳口板 2 相互靠近或远离，实现被加工零件的夹紧和松开。

完成下列各题：

（1）该夹具由_____种零件组成，属于标准件的零件序号有_____。

（2）螺杆 8 逆时针转动，螺母 9 如何运动？钳口板 2 是张开还是闭合？

（3）"2 号零件 A 向"视图属于_____表达方法。

（4）尺寸 $\phi12H8/f7$ 是零件_____和_____的配合尺寸，其中 $\phi12$ 表示_____，H8 表示_____，f7 表示_____，属于_____制的_____配合。

（5）按照装配图的尺寸分类，尺寸 0~70 属于_____尺寸，108 属于_____尺寸，14X14 属于_____尺寸，208 属于_____尺寸。

（6）绘制机用虎钳的装配示意图。

（7）根据装配图，绘制固定钳身 1、活动钳身 4 和螺杆 8 的零件图。

2．读懂机用虎钳的装配图（工作原理见左侧），完成左侧所示各题。

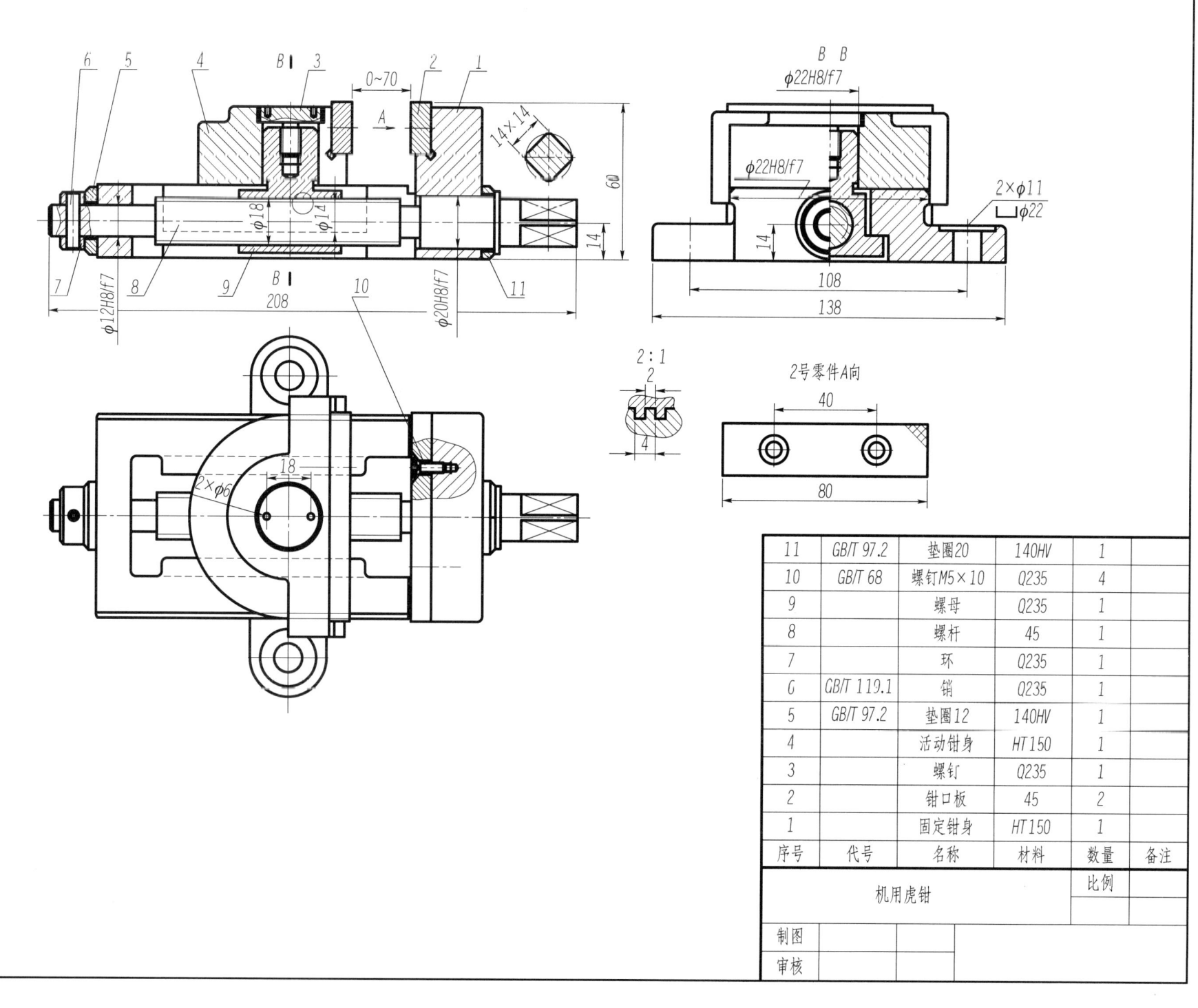

| 11 | GB/T 97.2 | 垫圈20 | 140HV | 1 |
| 10 | GB/T 68 | 螺钉M5×10 | Q235 | 4 |
| 9 | | 螺母 | Q235 | 1 |
| 8 | | 螺杆 | 45 | 1 |
| 7 | | 环 | Q235 | 1 |
| 6 | GB/T 119.1 | 销 | Q235 | 1 |
| 5 | GB/T 97.2 | 垫圈12 | 140HV | 1 |
| 4 | | 活动钳身 | HT150 | 1 |
| 3 | | 螺钉 | Q235 | 1 |
| 2 | | 钳口板 | 45 | 2 |
| 1 | | 固定钳身 | HT150 | 1 |
| 序号 | 代号 | 名称 | 材料 | 数量 | 备注 |

机用虎钳　　比例

制图

审核

| | 读装配图并拆画零件图 | 班级 | | 姓名 | | 学号 | |

3. 读懂台虎钳的装配图：①简述台虎钳的工作原理；②绘制台虎钳的装配示意图；③绘制固定钳身 16 的零件图。

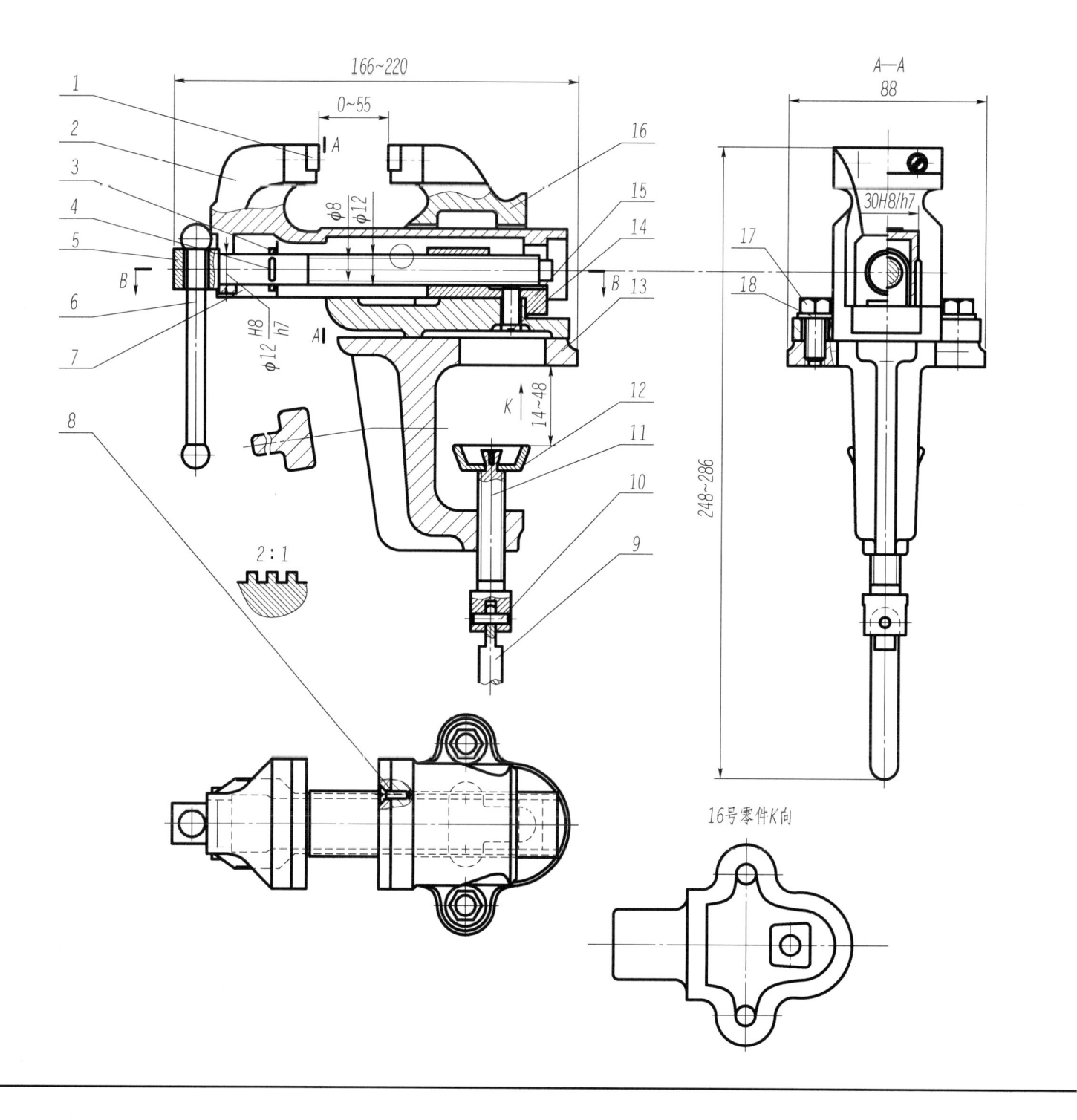

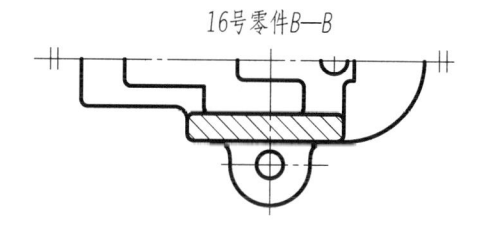

| 18 | GB/T 97.1 | 垫圈8 | Q235 | 2 | |
|---|---|---|---|---|---|
| 17 | GB/T 782 | 螺母M8 | Q235 | 2 | |
| 16 | | 固定钳身 | HT150 | 1 | |
| 15 | | 螺母 | Q235 | 1 | |
| 14 | GB/T 67 | 螺钉M6×16 | Q235 | 1 | |
| 13 | | 支架 | HT150 | 1 | |
| 12 | | 压盘 | HT150 | 1 | |
| 11 | | 固定螺钉 | 45 | 1 | |
| 10 | GB/T 119.1 | 销A4 | 35 | 4 | |
| 9 | | 手柄 | 35 | 1 | |
| 8 | GB/T 68 | 螺钉M4×8 | Q235 | 4 | |
| 7 | | 弹簧 | 钢丝 | 1 | |
| 6 | | 手把 | 35 | 1 | |
| 5 | | 螺杆 | 45 | 1 | |
| 4 | GB/T 91 | 开口销3×16 | 35 | 1 | |
| 3 | GB/T 97.1 | 垫圈12 | Q235 | 1 | |
| 2 | | 活动钳身 | HT150 | 1 | |
| 1 | | 钳口板 | 45 | 2 | |
| 序号 | 代号 | 名称 | 材料 | 数量 | 备注 |
| 台虎钳 | | | | 比例 | |
| 制图 | | | | | |
| 审核 | | | | | |

# 项目 4　金属结构图

| 任务 1　识读金属结构图 | 班级 | 姓名 | 学号 |

1．在下列表中画出指定的标记与符号。

表 1　画出指定型钢的标记

| 圆钢，钢管 | 方钢 | 扁钢 | 角钢 | 槽钢 | 工字钢 |
|---|---|---|---|---|---|
|  |  |  |  |  |  |

表 2　孔、螺栓、铆钉的规定符号

| 位置 | 垂直于孔轴线的投影面上 | | 平行于孔轴线的投影面上 | |
|---|---|---|---|---|
| 部件 | 孔 | 螺栓或铆钉 | 孔 | 螺栓或铆钉 |
| 在车间钻孔或装配，无沉孔 |  |  |  |  |
| 在工地钻孔或装配，一侧或近侧沉孔 |  |  |  |  |

2．按要求完成标记。

（1）等边角钢，尺寸为 50×50×4，长度为 1000。

_____

（2）不等边角钢，尺寸为 90×56×7，长度为 500。

_____

（3）扁钢，尺寸为 50×10，长度为 100。

_____

（4）槽钢，腰高为 120，腿宽为 53，腰厚为 5，长度为 200。

_____

3．画出各种棒材和型钢的截面代号。

等边角钢_____；　　　不等边角钢_____；

工字钢_____；　　　槽钢_____；

扁钢_____；　　　钢板_____；

圆钢_____；　　　钢管_____；

方钢（实心）_____；　　　方钢（空心）_____；

六角钢（实心）_____；　　　六角钢（空心）_____；

三角钢_____；　　　半圆钢_____；

4．下图中有三处引线标记，请解释其含义，并说明两型钢之间如何连接装配。

5．利用 L50×50 的角钢及厚 18 的钢板设计一长 800，高 500，宽 400 的小凳。

画出小凳正面（立面）的结构简图：　　　　画出小凳的左上角节点图：

| 任务2 识读焊接图 | | 班级 | 姓名 | 学号 |

**1. 在下列表中画出指定的焊缝符号。**

表1 焊缝的基本符号

| 基 本 符 号 | | | | | |
|---|---|---|---|---|---|
| I形焊缝 | V形焊缝 | 单边V形焊缝 | 角焊缝 | 点焊缝 | U形焊缝 |
|  |  |  |  |  |  |

表2 焊缝的辅助符号和补充符号

| 辅 助 符 号 | | | 补 充 符 号 | | |
|---|---|---|---|---|---|
| 平面符号 | 凹面符号 | 凸面符号 | 三面焊缝符号 | 四面焊缝符号 | 现场符号 |
|  |  |  |  |  |  |

**2. 将左边示意图中所示焊缝，在右边图中用焊缝符号标注。**

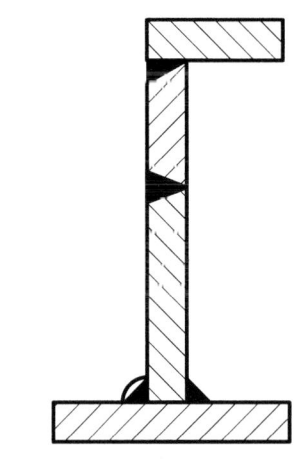

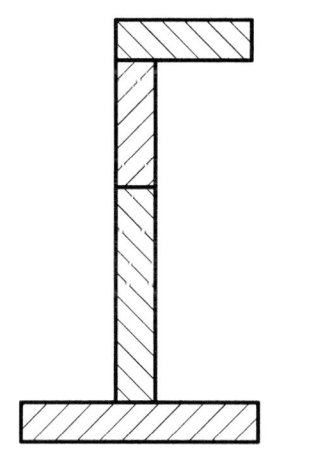

**3. 说明图中焊缝符号的含义。**

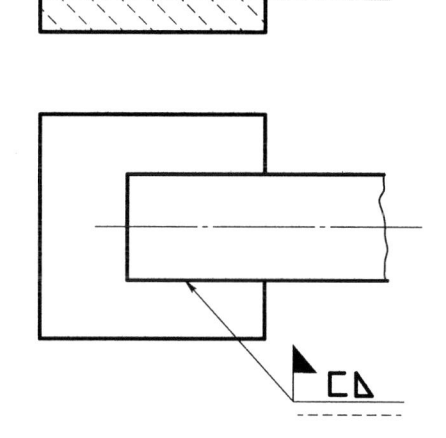

**4. 角钢两外侧与底板角焊，$K=3$，用图示法表示焊缝，并标注焊缝符号，手工电弧焊。**

**5. 说明图中焊缝符号的含义。**

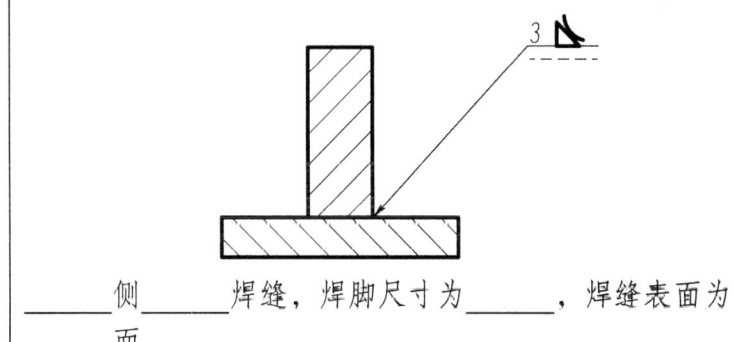

_____侧_____焊缝，焊脚尺寸为_____，焊缝表面为_____面。

**6. 说明图中焊缝符号的含义。**

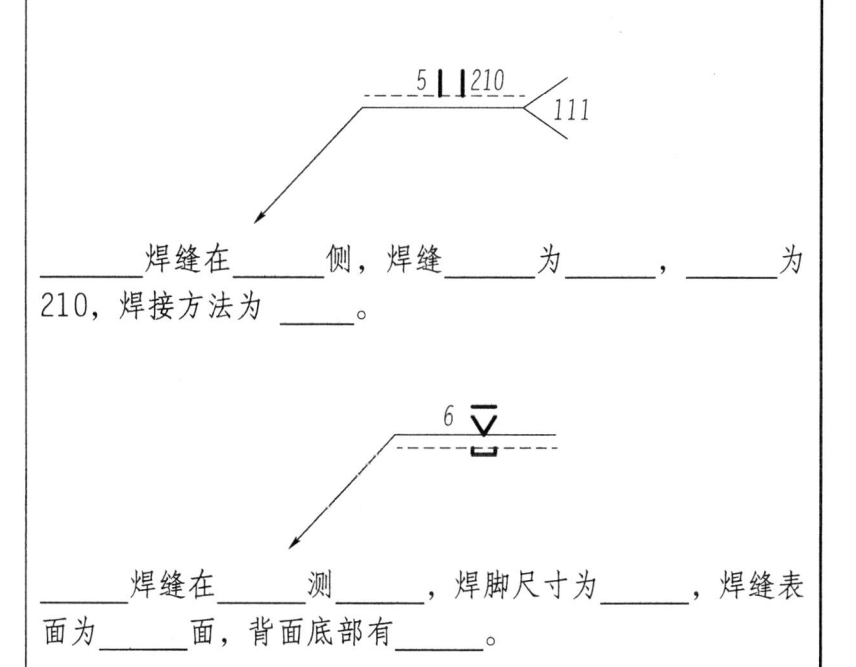

_____焊缝在_____侧，焊缝_____为_____，_____为210，焊接方法为_____。

_____焊缝在_____测_____，焊脚尺寸为_____，焊缝表面为_____面，背面底部有_____。

任务3 综合练习　　　　　　　　班级　　　　姓名　　　　学号

1. 说明图中各焊缝符号的含义。

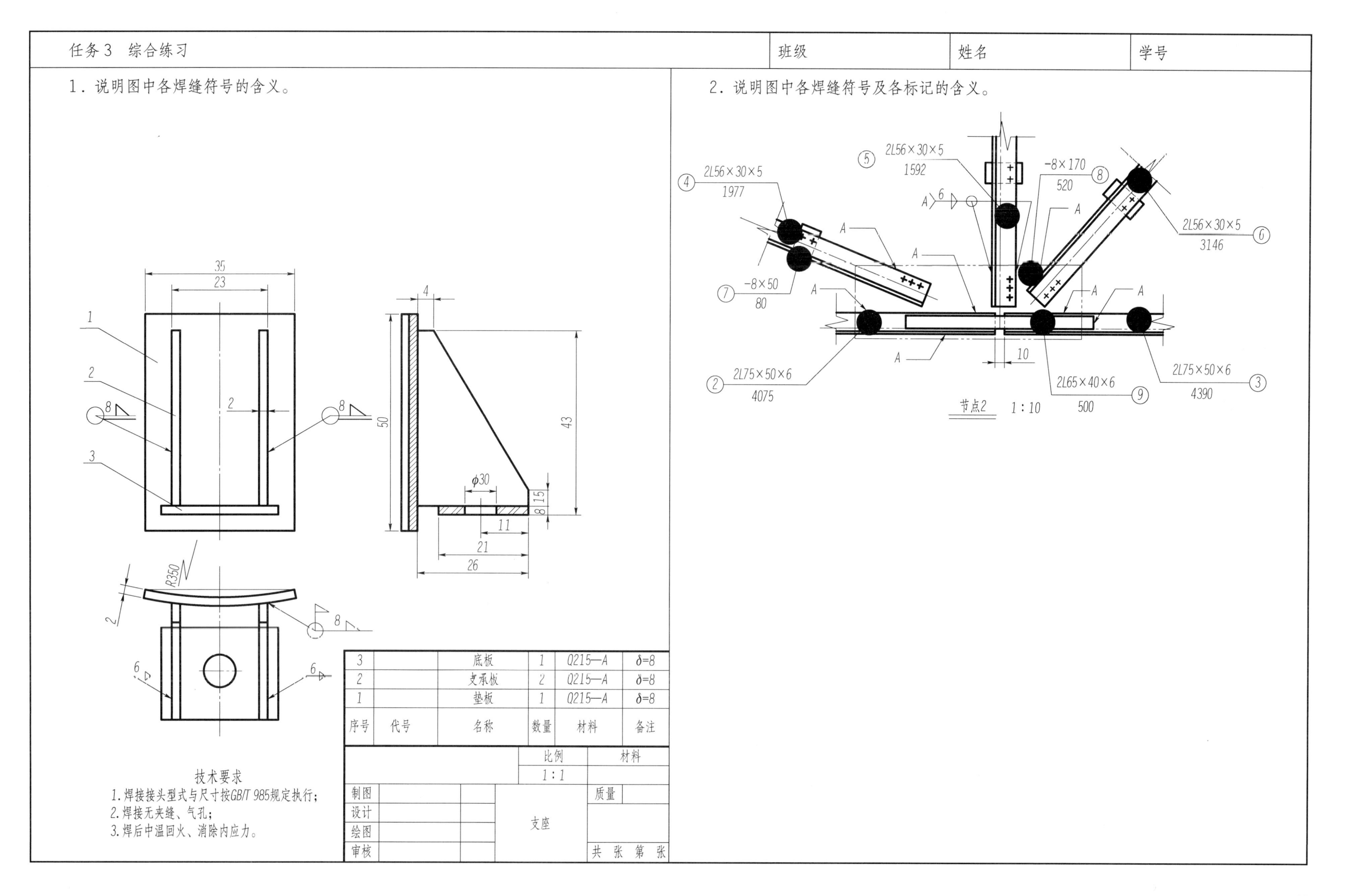

2. 说明图中各焊缝符号及各标记的含义。

**技术要求**
1. 焊接接头型式与尺寸按GB/T 985规定执行；
2. 焊接无夹缝、气孔；
3. 焊后中温回火、消除内应力。

| 3 | | 底板 | 1 | Q215—A | $\delta=8$ |
|---|---|---|---|---|---|
| 2 | | 支承板 | 2 | Q215—A | $\delta=8$ |
| 1 | | 垫板 | 1 | Q215—A | $\delta=8$ |
| 序号 | 代号 | 名称 | 数量 | 材料 | 备注 |

| 比例 | 1:1 | 材料 | |
|---|---|---|---|
| 制图 | | 质量 | |
| 设计 | | 支座 | |
| 绘图 | | | |
| 审核 | | 共　张　第　张 | |

节点2　1:10

# 第3篇　计算机绘图

## 项目5　绘制平面图形

| 任务1　CAD绘图环境设置与图线练习 | 班级 | 姓名 | 学号 |
|---|---|---|---|

1. 按下表设置图层，并在每一个图层上画上图形，对各图层进行打开/关闭、冻结/解冻、加锁/解锁等操作。

| 图层名称 | 线型 | 颜色 | 线宽 |
|---|---|---|---|
| 粗实线 | continuous | 白色 | 0.4 |
| 细实线 | continuous | 白色 | 0.2 |
| 中心线 | center | 青色 | 0.2 |
| 虚线 | dashed | 黄色 | 0.2 |
| 双点画线 | phantom | 品红 | 0.2 |
| 文本 | continuous | 红色 | 默认 |
| 尺寸 | continuous | 绿色 | 0.2 |

2. 画图框。

3. 画标题栏。

4. 用LINE命令画出如下图形（点A自定）。

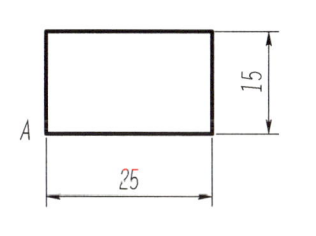

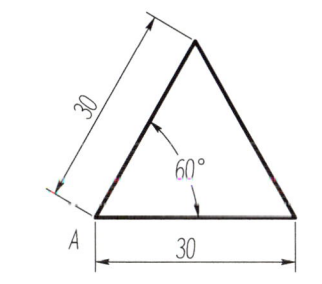

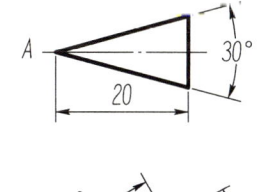

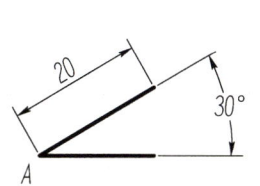

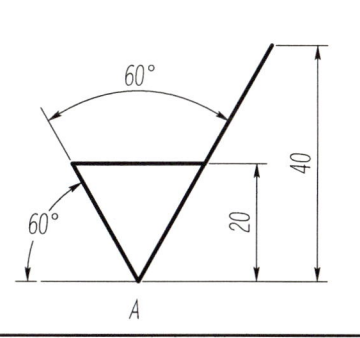

5. 图线练习（在A4图纸上绘制如图所示图形）。

(1)

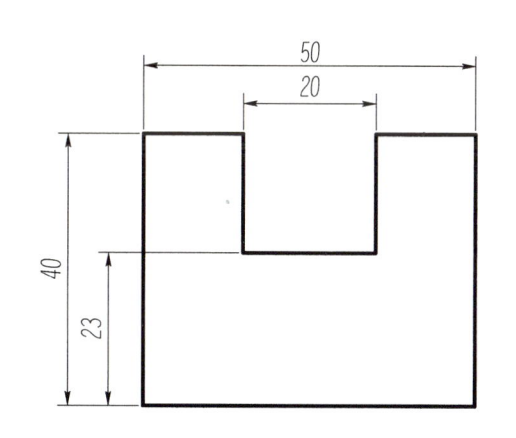

(2)

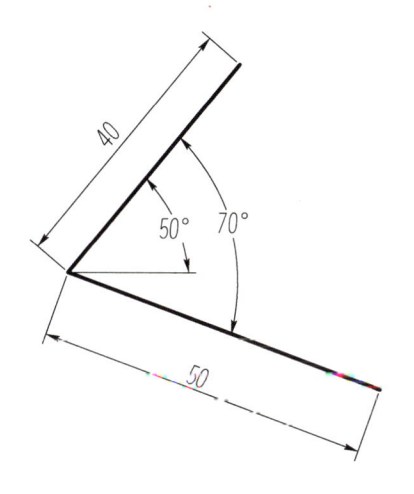

(3)

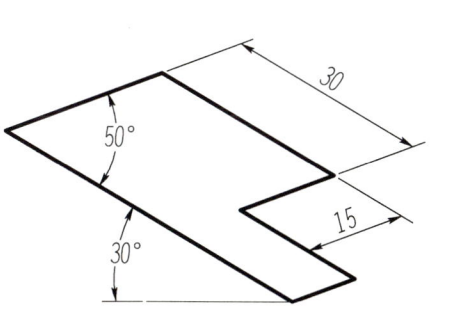

(4)

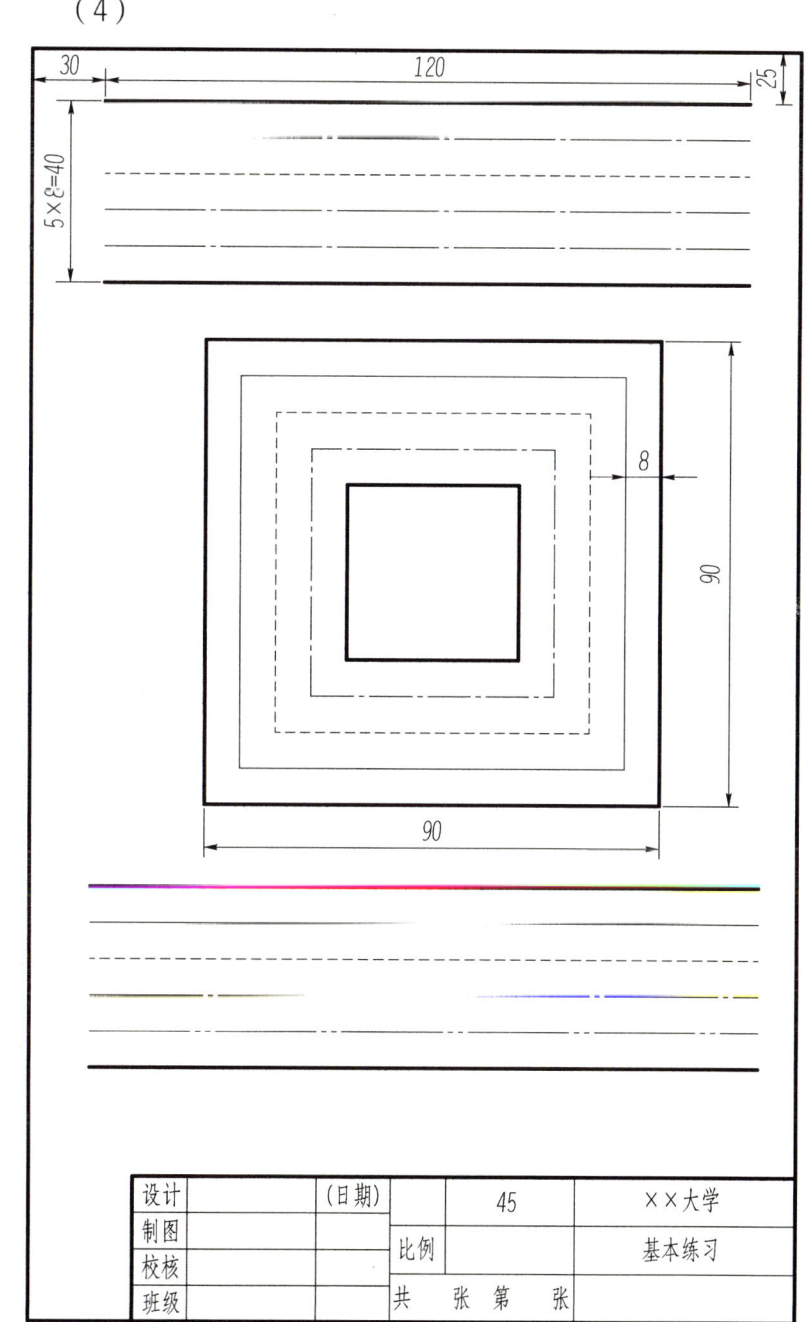

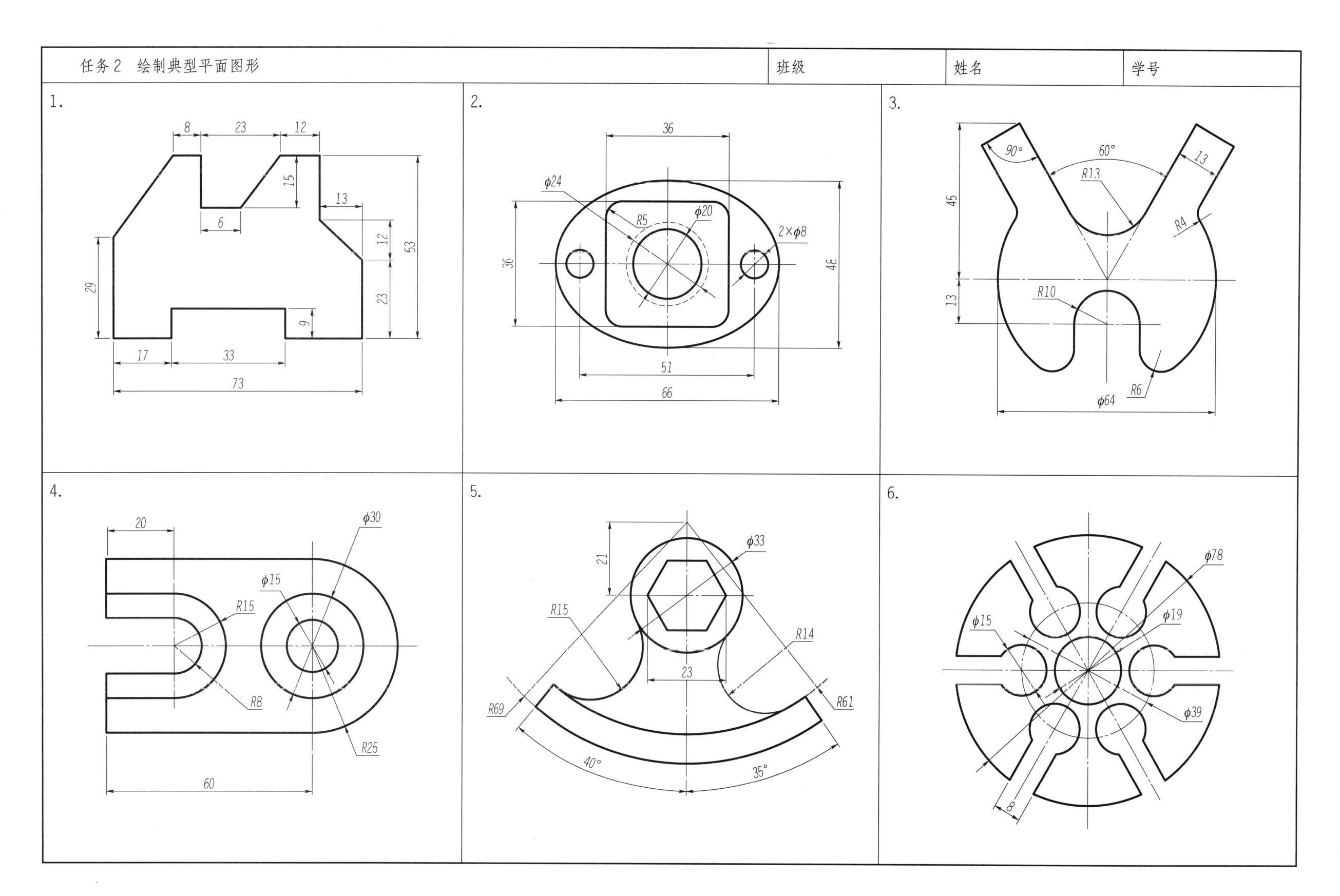

| 任务2 绘制典型平面图形 | 班级 | 姓名 | 学号 |

| 任务3　绘制复杂平面图形 | 班级　　　　姓名　　　　学号 |

1. 按1∶1比例绘制下面图形。

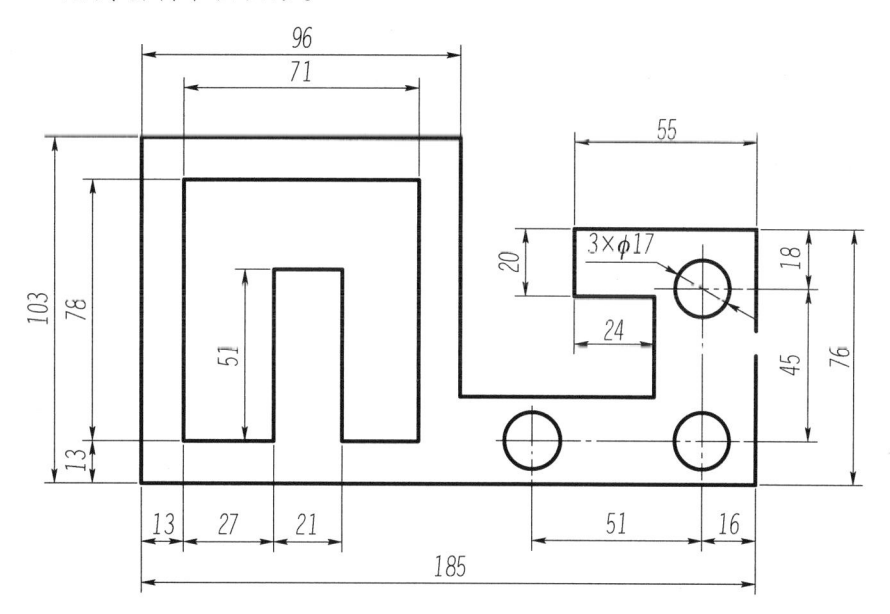

2. 在A3图幅上按2∶1比例绘制下面图形。

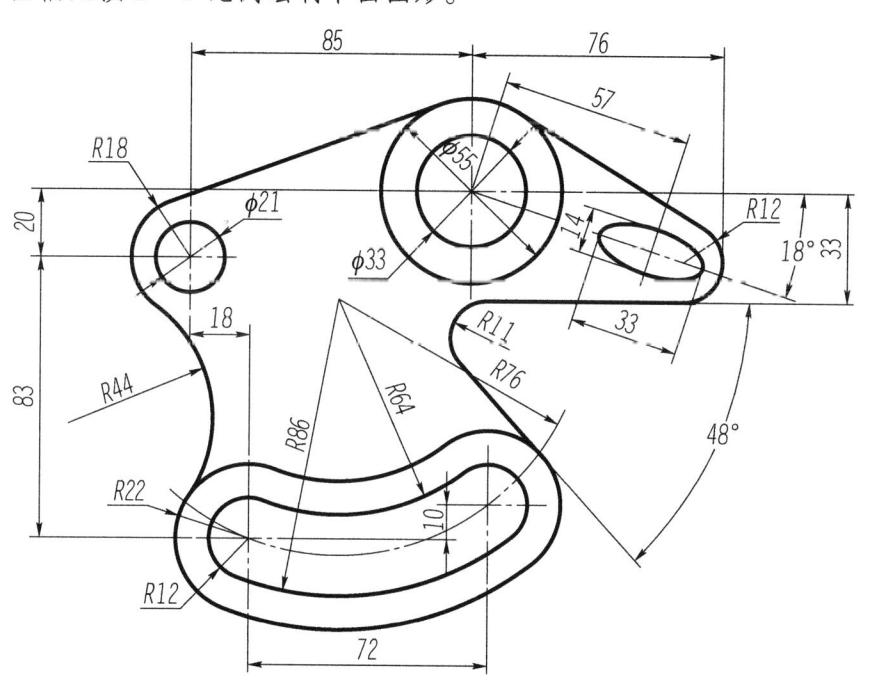

3. 综合运用绘图及编辑命令，按1∶3比例绘制下面图形。

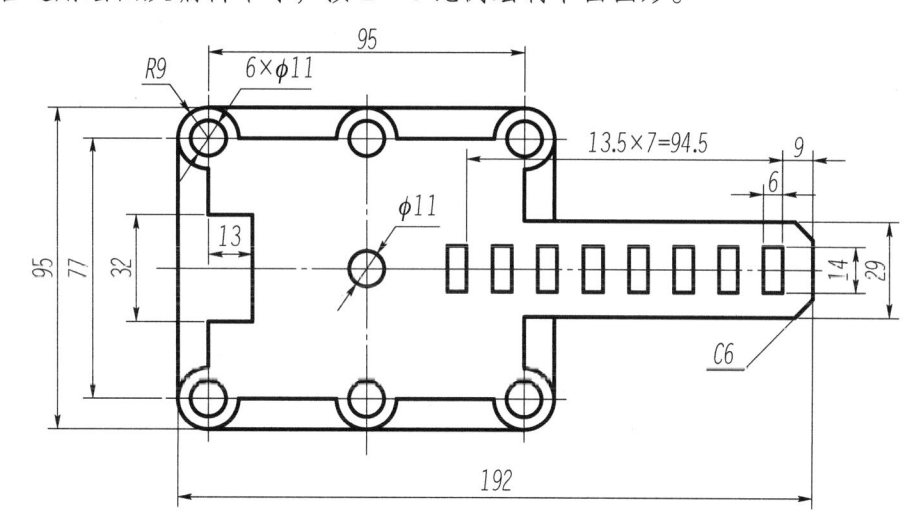

4. 综合运用绘图及编辑命令，按1∶2比例绘制下面图形。

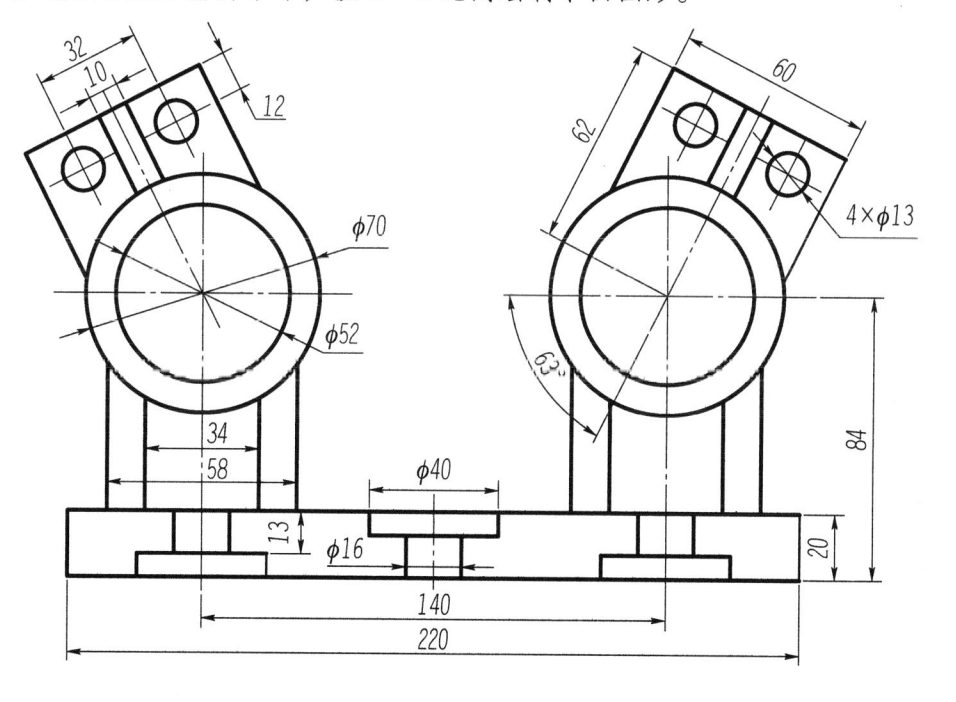

## 项目6 绘制三视图

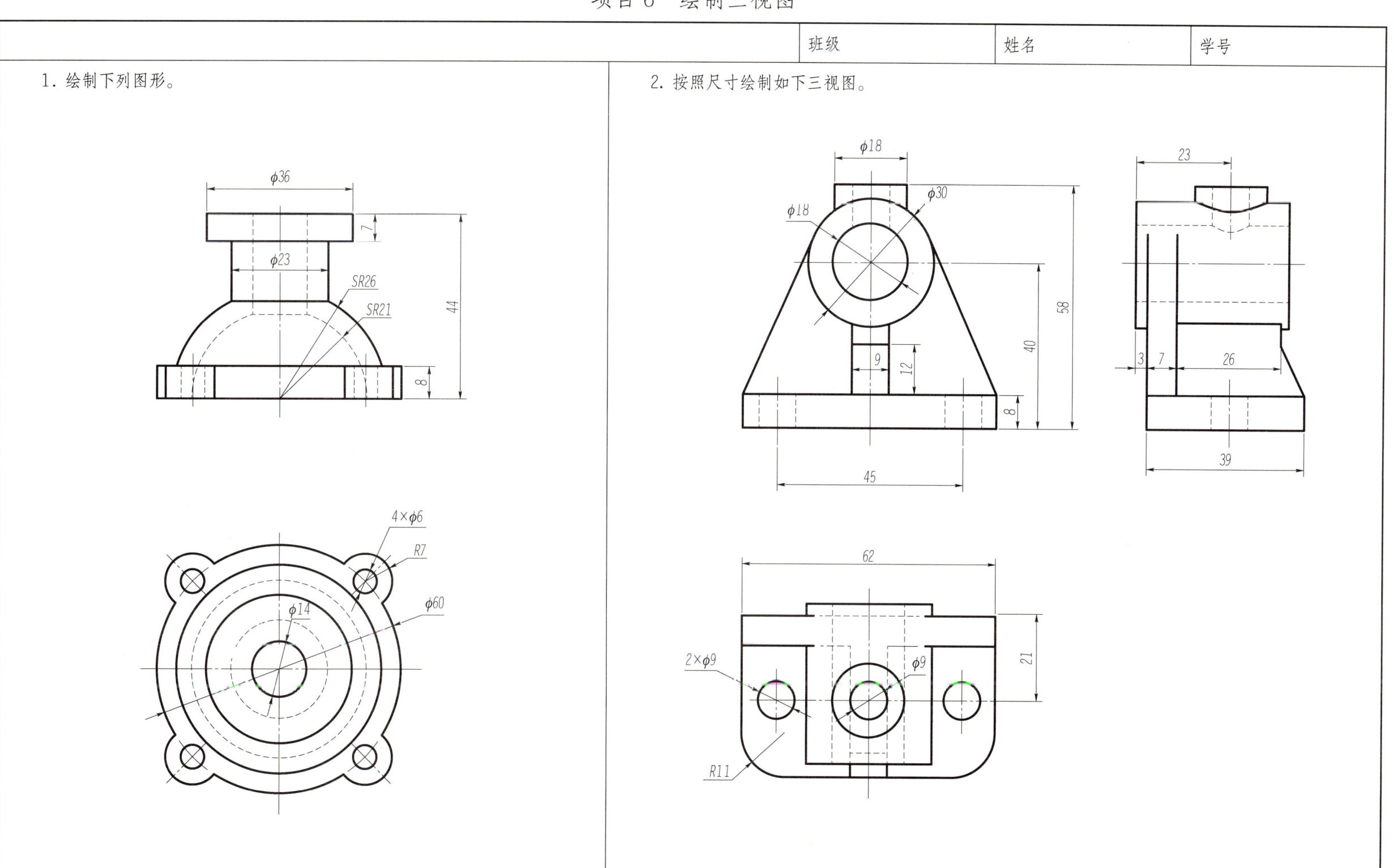

| 班级 | 姓名 | 学号 |

1. 绘制下列图形。

2. 按照尺寸绘制如下三视图。

| 班级 | 姓名 | 学号 |

3. 按照 1∶1 比例选用 A3 图幅，画出组合体三视图，并标注尺寸。

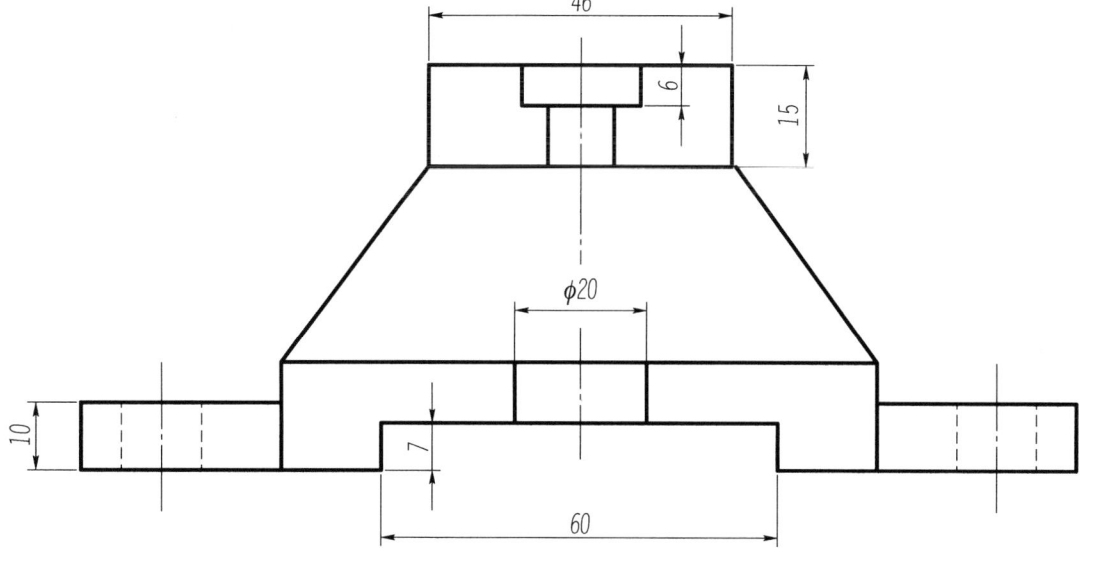

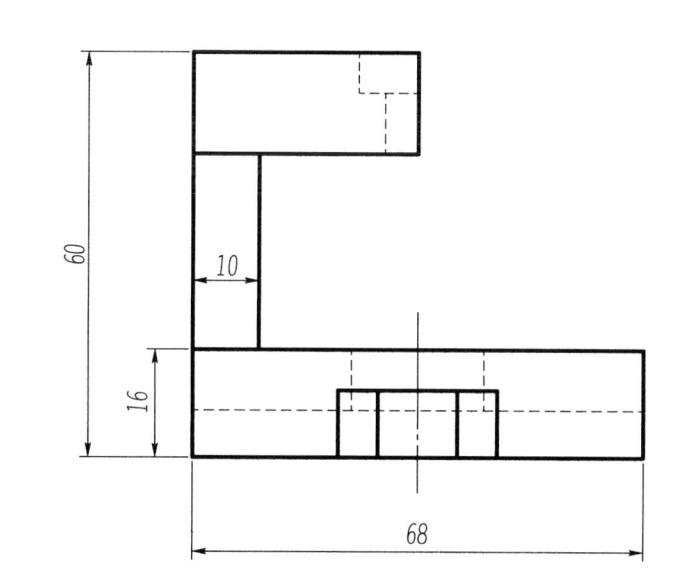

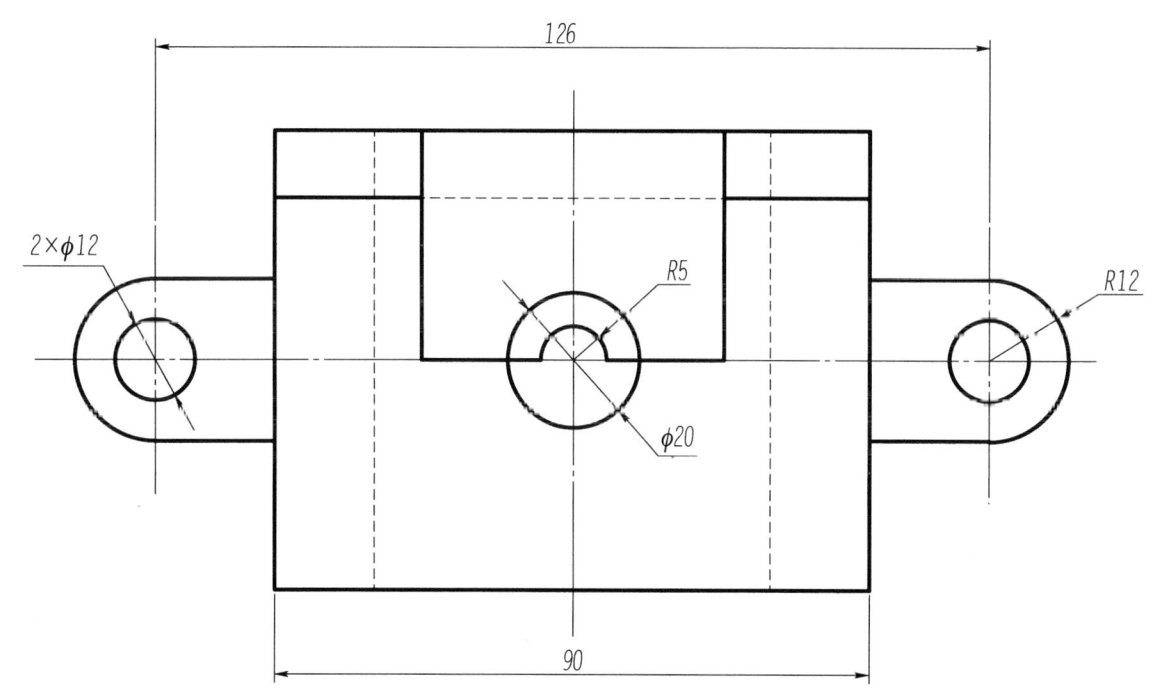

| 设计 | | (日期) | (材料) | | (校名) |
| 制图 | | | 比例 | 1∶1 | 组合体三视图 |
| 校核 | | | | | |
| 班级 | | | 共 张 第 张 | | |

| 班级 | 姓名 | 学号 |

4. 综合运用绘图命令和修改命令绘制如下图形，并标注尺寸。

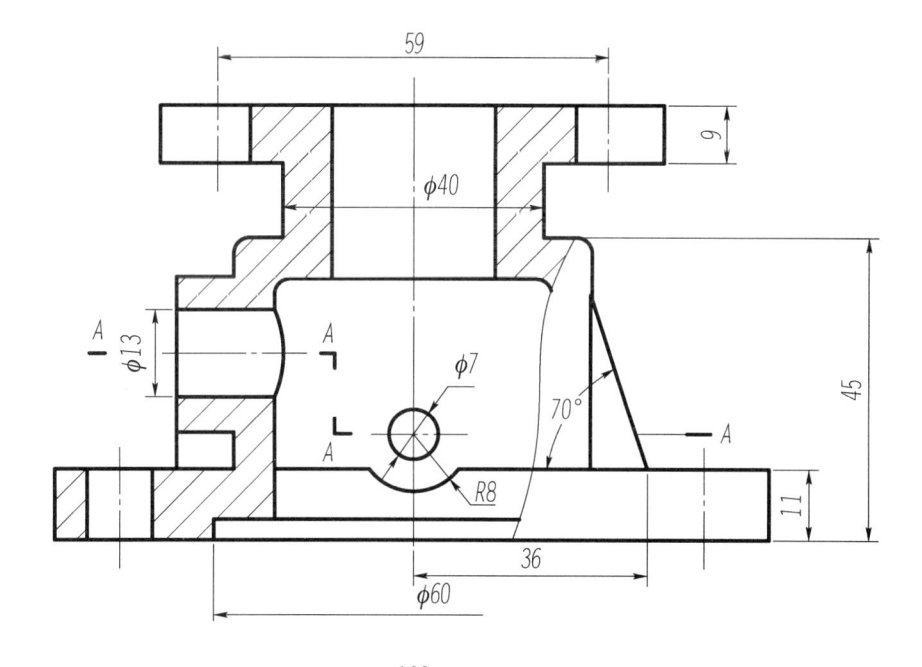

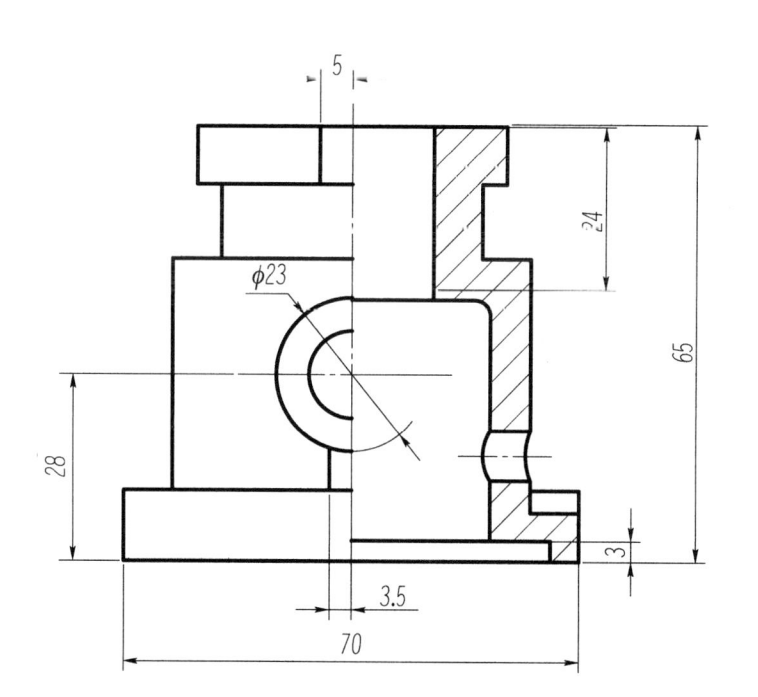

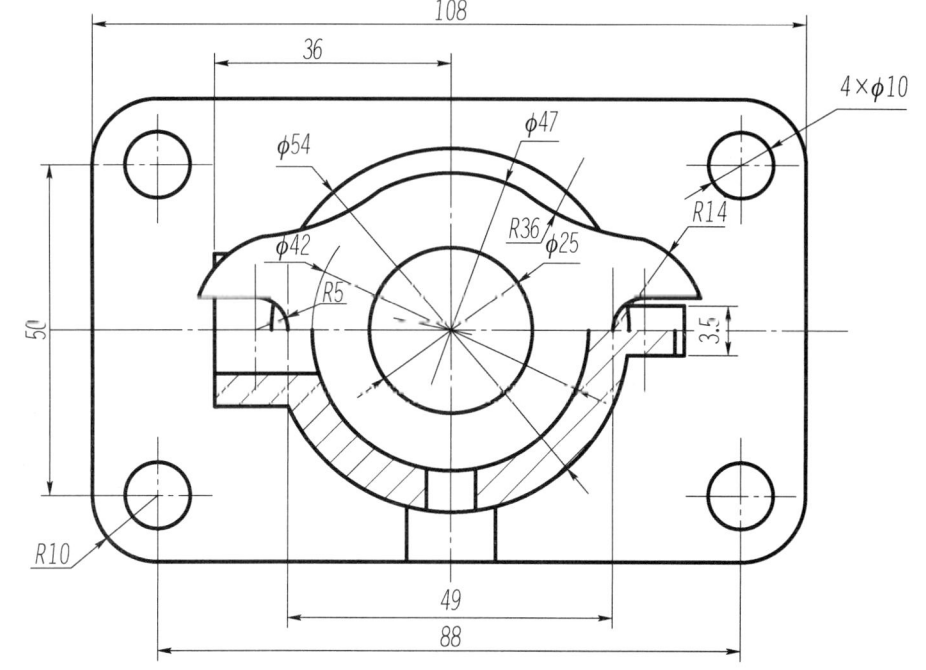

| 设计 | | （日期） | （材料） | （校名） |
| 制图 | | | | |
| 校核 | | | 比例 1:1 | 组合体三视图 |
| 班级 | | | 共 张 第 张 | 04-02 |

# 项目 7　用计算机绘制零件图与装配图

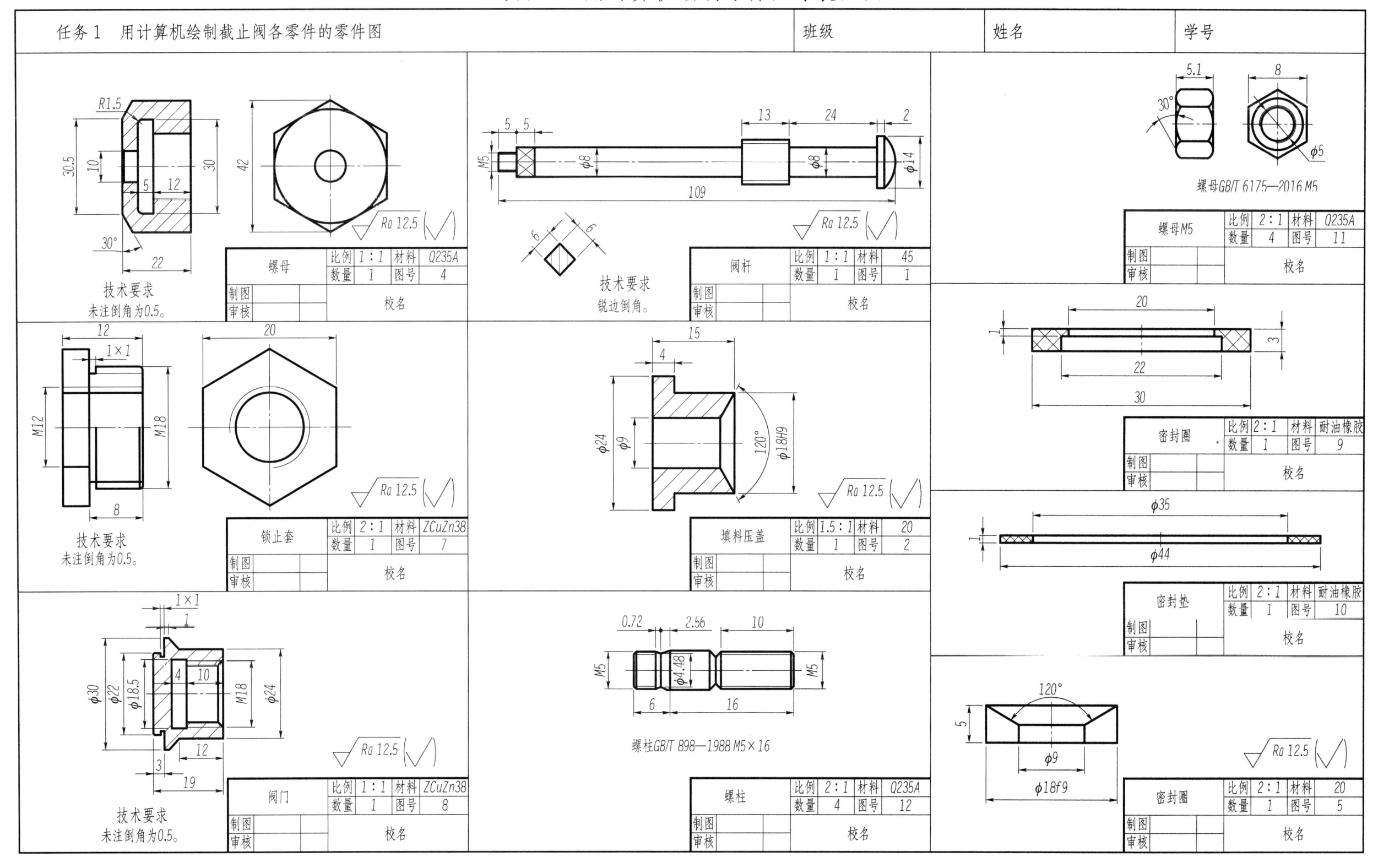

任务 1　用计算机绘制截止阀各零件的零件图　　班级　　姓名　　学号

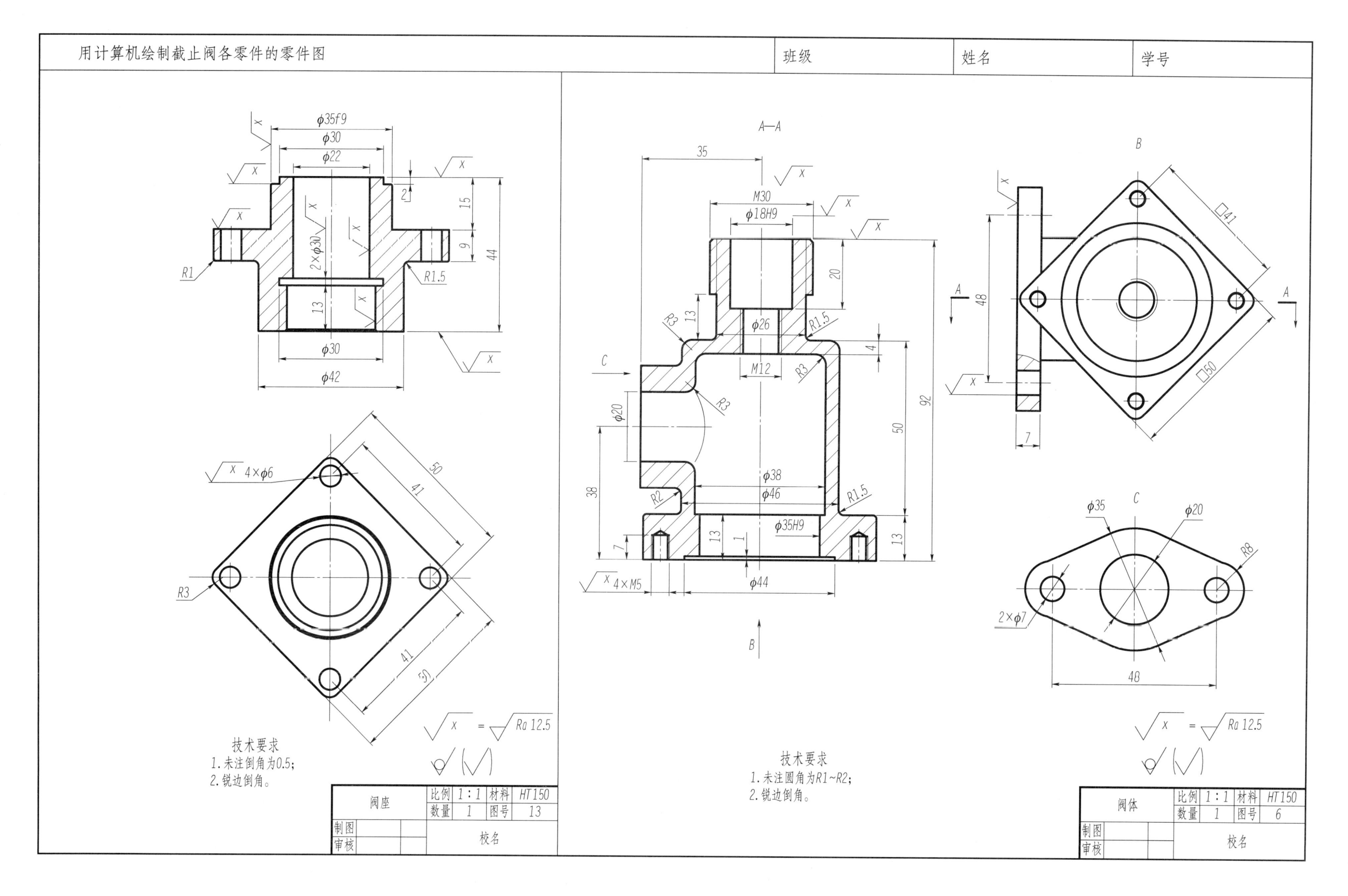

用计算机绘制截止阀各零件的零件图 | 班级 | 姓名 | 学号

技术要求
1. 未注倒角为0.5；
2. 锐边倒角。

| 阀座 | 比例 | 1:1 | 材料 | HT150 |
|---|---|---|---|---|
| | 数量 | 1 | 图号 | 13 |
| 制图 | | | 校名 | |
| 审核 | | | | |

$\sqrt{x} = \sqrt{Ra\ 12.5}$

技术要求
1. 未注圆角为R1~R2；
2. 锐边倒角。

| 阀体 | 比例 | 1:1 | 材料 | HT150 |
|---|---|---|---|---|
| | 数量 | 1 | 图号 | 6 |
| 制图 | | | 校名 | |
| 审核 | | | | |

$\sqrt{x} = \sqrt{Ra\ 12.5}$

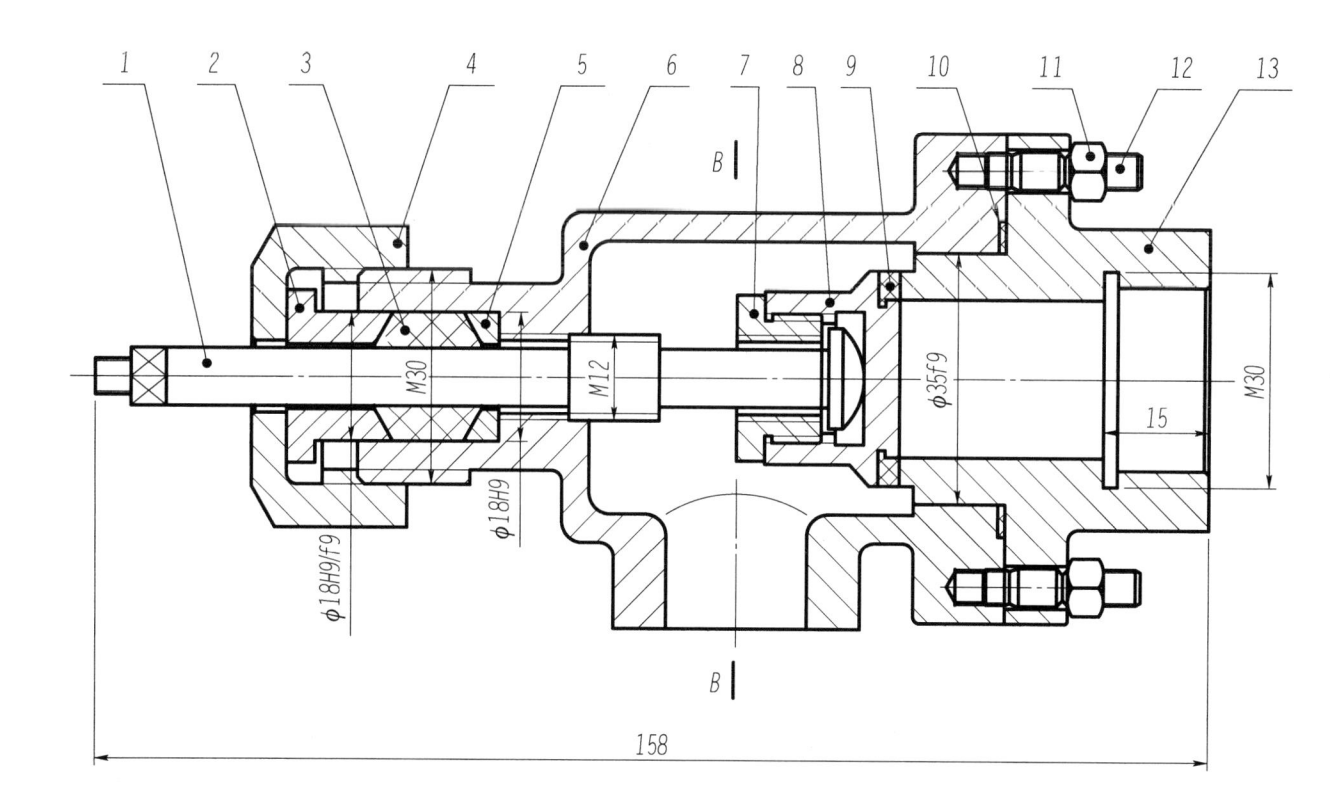

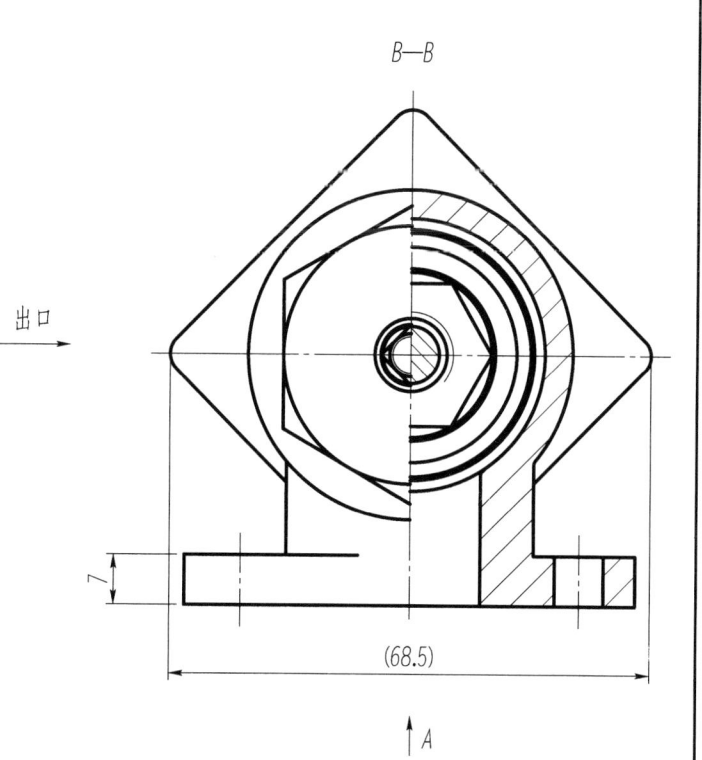

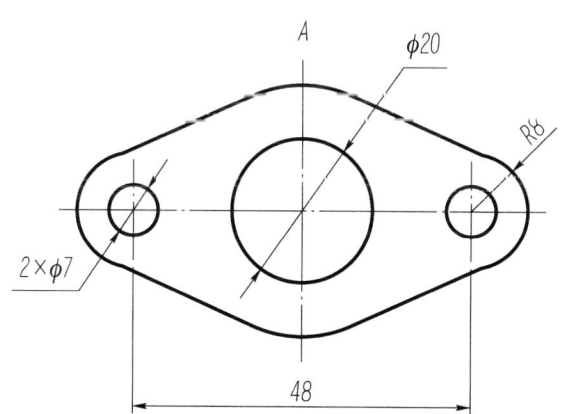

| 任务2 | 用计算机绘制截止阀的装配图 | 班级 | 姓名 | 学号 |

### 截止阀的工作原理

当阀杆1逆时针旋转时，带动螺母7、阀门8和密封圈9向左移动，阀开启，流体通过；
当阀杆1顺时针旋转时，带动螺母7、阀门8和密封圈9向右移动，阀关闭，流体停止。

| 13 | 阀座 | 1 | HT150 | |
|---|---|---|---|---|
| 12 | 螺柱M5×16 | 4 | Q235A | GB/T 898 |
| 11 | 螺母 | 4 | Q235A | GB/T 6175 |
| 10 | 密封垫 | 1 | 耐油橡胶 | |
| 9 | 密封圈 | 1 | 耐油橡胶 | |
| 8 | 阀门 | 1 | ZCuZn38 | |
| 7 | 锁止套 | 1 | ZCuZn38 | |
| 6 | 阀体 | 1 | HT150 | |
| 5 | 垫圈 | 1 | 20 | |
| 4 | 螺母 | 1 | Q235A | |
| 3 | 填料 | 1 | 油毡 | |
| 2 | 填料压盖 | 1 | 20 | |
| 1 | 阀杆 | 1 | 45 | |
| 序号 | 名称 | 数量 | 材料 | 备注 |

| 截止阀 | 比例 | 1:1 | 图号 | |
|---|---|---|---|---|
| | 数量 | | 共1张 第1张 | |
| 制图 | | | 校名 | |
| 审核 | | | | |

# 参 考 文 献

[1] 郭葆春，宁旺云，陶冶. 机械制图与计算机绘图习题集[M]. 2版. 北京：中国农业大学出版社，2010.
[2] 曾红，姚继权. 画法几何及机械制图学习指导[M]. 北京：北京理工大学出版社，2014.
[3] 张京英，张辉，焦永和. 机械制图习题集[M]. 3版. 北京：北京理工大学出版社，2013.
[4] 余萍，涂小华，成海涛. 机械制图习题集[M]. 2版. 北京：北京理工大学出版社，2010.
[5] 宋春明，陈杰峰. 工程制图习题集（机类）[M]. 北京：北京理工大学出版社，2011.
[6] 吴卓，王林军，秦小琼. 画法几何及机械制图习题集[M]. 北京：北京理工大学出版社，2010.
[7] 宋春明，陈杰峰. 工程制图习题集（非机类）[M]. 北京：北京理工大学出版社，2011.
[8] 高政一，许纪旻. 机械制图习题集[M]. 5版. 北京：高等教育出版社，2001.
[9] 邹宜侯. 机械制图习题集[M]. 5版. 北京：清华大学出版社，2006.
[10] 潘白桦，张彦娥. 现代工程制图基础（3D版）习题集[M]. 北京：中国电力出版社，2008.
[11] 郝立华，赵凤芹. 机械制图习题集[M]. 北京：国防工业出版社，2014.
[12] 陈意平，任仲伟，朱颜. 机械制图习题集[M]. 沈阳：东北大学出版社，2013.
[13] SHAH P J. A Textbook of Engineering Drawing[M]. New Delhi :S. Chand Publishing, 2008.
[14] REDDY K V. Textbook of Engineering Drawing[M]. 2nd ed. Hyderabad :BS Publications, 2008.